JN294401

流れ工学

社河内敏彦・前田太佳夫・辻本公一

共 著

養賢堂

まえがき

　自然界および私達の生活でみられるマクロ（大規模）からミクロ（微小規模）にわたる多種・多様な流れ現象を理解しそれを有効に利用するには，水力学（hydro dynamics）や流体力学（fluid dynamics）および流体工学（fluid engineering）の知識と手法が極めて重要である．

　このうち，水力学と呼ばれる学問は，古くは紀元前から私達の生活や農耕などに欠かせない水を確保するための水道水路や灌漑水路を作製するための技術として，いわゆる実学として自然発生的に始まり進歩してきた．

　一方，流体力学は数学の発展とともに，また実際には特に航空機の開発のための要求とともに進歩してきた．例えば，ポテンシャル論の発展にしたがって非圧縮，非粘性のポテンシャル流れの解析が進み，統計力学やランダムな現象を扱う数学モデルの発展にしたがって乱流現象の解明が進んだようにである．

　また，近年，私達の生活を脅かすような種々の環境エネルギー問題，例えば，汚染物質の拡散による大気や水環境の汚染，地球の温暖化や異常気象に関係する気象や省エネルギーに関係する問題，などが生じその早急な解決が強く求められている．その際，流体，熱および物質の移動・拡散が主に対流によって（流れに乗って）行われる場合，流体の運動・挙動がその現象に対して決定的に支配的となる．この意味でも，水力学や流体力学および流体工学の知識や手法を理解し習得することが極めて重要になる．

　また，種々の流体機械やエンジンなどの熱機関の効率を改善し省エネルギーを図るにも，流体力学，流体工学の知識や手法が鍵となる重要な事項である．

　本書では特に水力学の領域および流れ現象の基礎について，その特徴と取り扱い方法を主に実験的，および理論的解析に基づいて説明する．

　著者らは，大学工学部，大学院工学研究科において「流体力学」，「輸送現象論」および「環境流動学」など水力学，流体力学，工学に関係する講義や研究をおこなっているが，学生にとっては理解しにくい多くの事項・内容がある．

　このようなことから，本書は水力学や流体力学および流体工学を学ぶ工学関係の大学生，大学院生および技術者を対象に，流れ現象の基礎が理解し易いよ

うに著された教科書または参考書である．

　この種の書として既に国内外に多くの名著が存在することは承知しているが上記の観点から，本書ではまず水力学や流体力学および流体工学の基礎的事項の理解と習得に主眼を置き，実際的な問題を例題として取り上げながらそれらを説明する．例えば，

　第1章で流体および流れの基礎的性質を，

　第2, 3章で流体静力学と動力学，層流と乱流，ベルヌーイの定理と応用，運動量の定理と応用を，

　第5, 6章で管内の流れ，境界層，開きょの流れ，などを，

次いで，水力学，流体力学の現象を数学的に記述しそれらを理論的に解析することについて説明し [第7章　理想流体（非圧縮，非粘性流体）の力学]，

さらに実際の流体の流れ現象を数学的に記述しそれらの解析結果を実験結果を使って補足，拡充させ実用に供することについて説明する（例えば，第4章　次元解析と相似則）．

　また，流れの測定法の概略についても説明する（第8章　流れの測定）．

　これらのことから，本書は読者が興味を持って流れ現象の基礎（流体力学，流体工学の初歩）と中位の知識と考え方を理解し習得されるように，また，さらに高度な知識の理解と習得に意欲を燃やされるように，と願い著されたものである．なお，内容を理解し易くするために，多くの例題と演習問題を取り入れた．

　本書による学習によって，これらの幾ばくかが果たされることを願うものである．

　本書を著す機会を与えられた（株）養賢堂，三浦信幸氏に感謝します．

　　　2007年8月31日

　　　　　　　　　　　　　　　　　　　　　　　　　　　著　者

「流れ工学」正誤表

2012.6

頁	行など	誤	訂正
6	上から8行	体積を v_1, v_2 とすると,	比体積を v_1, v_2 とすると,
6	下から1行	体積の減少率を求めなさい.	体積の減少率を求めなさい. ただし, 海水の体積弾性係数を2.23GPaとする.
7	上から1行	海水の体積弾性係数は表1.6から $K=2.23$GPa であるので	海水の体積弾性係数は $K=2.23$GPa であるので
9	上から2行	分子の運動により波線の上	分子の運動により破線の上
10	図1.4		水の動粘度の曲線の100℃以上の部分を消去
11	下から1行	単位を[rad/min]に訂正 $$V = \frac{2\pi n[\text{rad/s}]}{60[\text{sec}]} \times \cdots$$	$$V = \frac{2\pi n[\text{rad/min}]}{60[\text{sec}]} \times \cdots$$
12	上から2行	$$\frac{du}{dy} = -\frac{V[\text{m/s}]}{(d_2-d_1)/2[\text{m}]} = \cdots$$	符号を正に訂正 $$\frac{du}{dy} = \frac{V[\text{m/s}]}{(d_2-d_1)/2[\text{m}]} = \cdots$$
12	上から4行	$$F = S\mu \frac{du}{dy} = \cdots$$	負の符号を追記 $$F = -S\mu \frac{du}{dy} = \cdots$$
15	下から2行	ただし, ワイヤと水の間の接触角は	ただし, 浮力を無視しワイヤと水の間の接触角は
16	式(2.2)の次に追加		なお, 圧力は面に垂直に内側に作用する（内側を正とする）.
27	図2.10		右の図の, Oy軸から dA までの距離 x を追記
30	上から13行	水門の重心まわりの慣性モーメントは,	水門の重心まわりの断面二次モーメントは,
40	上から13行	ρAV は単位面積を通過する	ρAV は単位時間に通過する
40	上から14行	AV は単位面積を通過する	AV は単位時間に通過する
40	下から7行	$\rho AV + \partial(\rho AV)/\partial s$ となる.	$\rho AV + [\partial(\rho AV)/\partial s]ds$ となる.
42	式(3.10)	$$\frac{\partial V}{\partial t} + V\left(\frac{\partial V}{\partial s}\right) = -\frac{1}{\rho}\left(\frac{dp}{ds}\right) - g\left(\frac{dz}{ds}\right)$$	右辺第1項の常微分を偏微分に訂正 $$\frac{\partial V}{\partial t} + V\left(\frac{\partial V}{\partial s}\right) = -\frac{1}{\rho}\left(\frac{\partial p}{\partial s}\right) - g\left(\frac{dz}{ds}\right)$$
42	式(3.11)	$$V\left(\frac{\partial V}{\partial s}\right) = -\frac{1}{\rho}\left(\frac{dp}{ds}\right) - g\left(\frac{dz}{ds}\right)$$	左辺の偏微分を常微分に訂正 $$V\left(\frac{dV}{ds}\right) = -\frac{1}{\rho}\left(\frac{\partial p}{\partial s}\right) - g\left(\frac{dz}{ds}\right)$$
53	上から1行	自由渦から十分離れた無限遠での速度を	自由渦はどの流線においてもエネルギーは等しいため, 自由渦から十分離れた無限遠での速度を
53	上から2行	の位置でベルヌーイの式をたてると,	の位置においてエネルギーを等しくおくと,
55	式(3.55)の次の行	これを r で積分すると,	これを積分すると,
58	上から3行	$p_1A_1\sin\alpha_1 - p_2A_2\cos\alpha_2$	$p_1A_1\sin\alpha_1 - p_2A_2\sin\alpha_2$
59	上から3行	$\cdots = \frac{\pi}{4} \pm 0.2^2 \times V_2$	$\cdots = \frac{\pi}{4} \times 0.2^2 \times V_2$
59	下から9行	$\cdots = 1.34 \times 10^3$[Pa]	$\cdots = 134 \times 10^3$[Pa]
59	下から8行	力の水平および鉛直方向成分を	力の x および y 方向成分を
64	上から8行	孔の総面積が $2\underline{m}^2$ で,	孔の総面積が $2m^2$ で,
64	上から11行		問題番号の(3-3)を図3.29の次の行へ移す
70	上から6行	$\Delta p/(\rho g) = \Delta p/\gamma = h = \cdots$	$\Delta p/\gamma$ を削除 $\Delta p/(\rho g) = h = \cdots$
70	上から12行	図5.10) が用意されている.	図5.12) が用意されている.
70	下から4行	$\pi_2 = \mu u d/\rho = Re$	$\pi_2 = \rho u d/\mu = Re$
72	式(4.11)		粘性項の中の2回微分の位置を訂正

1

		$\cdots + \nu\left(\dfrac{\partial^2 u}{\partial x^2} + \dfrac{\partial u^2}{\partial y^2}\right)$	$\cdots + \nu\left(\dfrac{\partial^2 u}{\partial x^2} + \dfrac{\partial^2 u}{\partial y^2}\right)$
73	上から 8 行	慣性力は $ma = \rho\, m \times \cdots$	慣性力は $ma = \rho L^3 \times \cdots$
73	式(4.15)	$Re = \mu\, UL/(\rho L^2 L) = \cdots$	$Re = \rho U^2 L^2/(\mu UL) = \cdots$
73	下から 6 行	$Fr = \rho U^2 L/(\rho L^3 g) = \cdots$	$Fr = \rho U^2 L^2/(\rho L^3 g) = \cdots$
73	下から 1 行	(問題 4.2, 参照).	(問題 4−2, 参照).
74	上から 4 行	$M = \rho\, U^2 L/(KL^2) = \cdots$	$M = \rho U^2 L^2/(KL^2) = \cdots$
74	上から 9 行	(問題 4.5, 4.6 参照).	(問題 4−4, 4−5 参照).
77	下から 7 行	[式(7.20)]で導かれている.	[式(7.19)]で導かれている.
78	上から 11 行	連続の式(7.21)とともに	連続の式(7.18)とともに
78	下から 1 行	円筒座標系 $(r,\ \theta,\ z)$ で表すと	円筒座標系 $(r,\ \theta,\ x)$ で表すと
79	下から 10 行	円管の壁面上($r=0$)では	円管の壁面上($r=R$)では
79	下から 9 行	積分定数は $C_2 = 0$ となり,	積分定数は $C_2 = -\dfrac{1}{4\mu}\left(\dfrac{\partial p}{\partial x}\right) R^2$ となり,
80	下から 4 行	式(5.12)と式(5.13)から,	式(5.11)と式(5.13)から,
81	下から 1 行		式(5.18)の中の u^+ を全て u^* に訂正
82	上から 1 行	u^+ は摩擦速度(friction velocity)であり,	u^* は摩擦速度(friction velocity)であり,
82	上から 2 行	$u^+ = \sqrt{\dfrac{\tau_w}{\rho}} = \cdots$	$u^* = \sqrt{\dfrac{\tau_w}{\rho}} = \cdots$
86	下から 9 行	式(5.30)を $\varepsilon_m/\nu \gg 1$ のもとに積分すると	式(5.29)を $\varepsilon_m/\nu \gg 1$ のもとに積分すると
87	図 5.6		図 5.6 の u^+ を全て u^* に訂正
88	式(5.41)	$\cdots = 0.072 R^{-1/5}$	$\cdots = 0.072 Re^{-1/5}$
120	下から 11 行	圧力差を p とすると $p/(\rho g) = h - z - z_0$ なので,	圧力差を p とすると $p/(\rho g) = h - z$ なので,
120	下から 9 行	$H_t = \dfrac{V^2}{2g} + \dfrac{p}{\rho g} + z + z_0$ $= \dfrac{V^2}{2g} + h$	$H_t = \dfrac{V^2}{2g} + \dfrac{p}{\rho g} + z + z_0$ $= \dfrac{V^2}{2g} + h + z_0$
120	下から 7 行	無関係となる. 断面積を A, 流量を Q とすると	無関係となる. いま, 簡単化のため底面と基準水平面を等しくとり($z_0=0$), 断面積を A, 流量を Q とすると
122	上から 7 行	単位幅当たりの流量を q とすると,	単位幅当たりの流量を q とすると, 運動量の定理から,
123	式(4)	$\rho Q V_1 - \rho Q V_2 = \cdots$	$\rho Q V_2 - \rho Q V_1 = \cdots$
123	式(7)	ΔH $= \left\{\dfrac{1}{2g}\left(\dfrac{Q}{bh_2}\right)^2 + h_2\right\} - \left\{\dfrac{1}{2g}\left(\dfrac{Q}{bh_1}\right)^2 + h_1\right\}$ $= \dfrac{Q^2}{2gb^2}\dfrac{1}{h_2^2 - h_1^2} + h_2 - h_1$ $= \dfrac{10^2}{2 \times 9.807 \times 2^2}\dfrac{1}{1.813^2 - 1^2} + 1.813 - 1$ $= 1.370$ [m]	ΔH $= \left\{\dfrac{1}{2g}\left(\dfrac{Q}{bh_1}\right)^2 + h_1\right\} - \left\{\dfrac{1}{2g}\left(\dfrac{Q}{bh_2}\right)^2 + h_2\right\}$ $= \left\{\dfrac{Q^2}{2gb^2}\left(\dfrac{1}{h_1^2} - \dfrac{1}{h_2^2}\right) + h_1 - h_2\right\}$ $= \left\{\dfrac{10^2}{2 \times 9.807 \times 2^2}\left(\dfrac{1}{1^2} - \dfrac{1}{1.813^2}\right) + 1 - 1.813\right\}$ $= 0.074$ [m]
123	下から 1 行	この跳水に伴って失う損失ヘッドを求めなさい.	この跳水に伴って失う水路単位幅当たりの損失ヘッドを求めなさい.
126	上から 6 行	$(x + dx, y)$ での近似の結果は	$(x, y + dy)$ での近似の結果は
127	図 7.3 の左の図	$A'\left[\left(u + \dfrac{\partial u}{\partial x}dx\right)dt, \left(v + \dfrac{\partial v}{\partial x}dx\right)dt\right.$	$A'\left[dx + \left(u + \dfrac{\partial u}{\partial x}dx\right)dt, \left(v + \dfrac{\partial v}{\partial x}dx\right)dt\right.$

頁	箇所	誤	正
127	図 7.3 の右の図	$A'\left(\dfrac{\partial u}{\partial x}dxdt, \dfrac{\partial v}{\partial x}dxdt\right)$	$A'\left(dx+\dfrac{\partial u}{\partial x}dxdt, \dfrac{\partial v}{\partial x}dxdt\right)$
127	図 7.4 の左の図	(図：C C' B B' / O A A'、平行四辺形変形)	(図：C' B' / C B / O A A'、破線で長方形)
127	下から 3 行目	$\cdots(dy+\partial v/\partial y\,dy\,dt)-dx\times dy$	常微分記号 d を立体に訂正 $\cdots(\mathrm{d}y+\partial v/\partial y\,\mathrm{d}y\,\mathrm{d}t)-\mathrm{d}x\times \mathrm{d}y$
128	下から 10 行目	$\theta_1=\overline{AA'}/dxdt=\partial v/\partial x$, C 点では $\theta_2=\overline{CC'}/dydt$	括弧を追記 $\theta_1=\overline{AA'}/(dxdt)=\partial v/\partial x$, C 点では $\theta_2=\overline{CC'}/(dydt)$
134	上から 1 行	全体を微分すれば	全体を s で微分すれば
134	下から 2 行	考えている領域 V の周囲に沿った	循環 $\varGamma$ は，考えている領域 V の周囲に沿った
135	図 7.11	$-\left(u+\dfrac{\partial u}{\partial y}\right)dy$	$-\left(u+\dfrac{\partial u}{\partial y}dy\right)$
137	図 7.12	$\varPsi=\varPsi_A$ $\varPsi=\varPsi_B$	$\phi=\phi_A$ $\phi=\phi_B$
141	上から 4 行	全微分が可能でこのときつぎの関係，	全微分可能でこのとき次の関係，
145	下から 9 行	y 軸のプラス側に反対向きの渦がある	y 軸のプラス側の δ だけずれた位置に反対向きの渦がある
146, 147	式(7.68), 式(7.71), 式(7.72), 式(7.73)		式中の $\varGamma$ を斜体に訂正
149	下から 5 行	$\xi^2\left(R+\dfrac{a^2}{R}\right)+\eta^2\left(R-\dfrac{a^2}{R}\right)=1$	$\xi^2\left(R+\dfrac{a^2}{R}\right)^2+\eta^2\left(R-\dfrac{a^2}{R}\right)^2=1$
164	(3-3)の解答	噴出速度は，$\underline{19.89\text{m/s}}$.	噴出速度は，$\underline{19.88\text{m/s}}$.
164	(3-5)の解答	水受けに作用する力は，$\underline{6283}$N.	水受けに作用する力は，$\underline{62.83}$N.
165	(5-5)の解答	ブラジウスの管摩擦係数の式から摩擦損失ヘッドは，$\underline{1.909}$m.	ブラジウスの管摩擦係数の式から摩擦損失ヘッドは，$\underline{1.908}$m.
165	(5-6)の解答	摩擦損失ヘッドは，$\underline{0.207}$m.	摩擦損失ヘッドは，$\underline{0.217}$m.
165	(5-7)の解答	緩やかに広がる損失係数の線図から ξ を読み取り，拡大前の速度 40.74m/s と拡大後の速度 10.19m/s を用いて損失ヘッドを求めると，19.04m.	緩やかに広がる円管の損失係数の線図から $\underline{\zeta}$ を読み取り，拡大前の速度 40.74m/s と拡大後の速度 10.19m/s の速い方を用いて損失ヘッドを求めると，$\underline{34.70}$m.
166	(7-1)(c)の解答	$\dfrac{p}{\rho}=\dfrac{p_0}{\rho}\dfrac{1}{2}(\sinh^2 x_1\sin^2 y_1+\ldots)+\dfrac{1}{2}$	$\dfrac{p}{\rho}=\dfrac{p_0}{\rho}-\dfrac{1}{2}(\sinh^2 x_1\sin^2 y_1+\ldots)+\dfrac{1}{2}$
166	(7-2)(b)の解答	$\cdots=\dfrac{Q}{2\pi}\ln(z^2+h^2)\,y=0$ を代入すると	$\cdots=\dfrac{Q}{2\pi}\ln(z^2+h^2)$．$\underline{y=0}$ を代入すると
167	(7-2)(c)の解答	$u=\dfrac{Q}{2\pi(z^2+h^2)}$	$u=\dfrac{Q}{2\pi(x^2+h^2)}$
167	(7-2)(d)の解答	$W_V=-\dfrac{\varGamma}{2\pi}(z-hi)$, $W_{Vb}=\dfrac{\varGamma}{2\pi}(z+hi)$	$W_V=-\dfrac{\varGamma i}{2\pi}\ln(z-hi)$, $W_{Vb}=\dfrac{\varGamma i}{2\pi}\ln(z+hi)$
167	(7-2)(e)の解答	$\dfrac{p}{\rho}=\dfrac{p_0}{\rho}-\dfrac{1}{2}\left[\dfrac{\varGamma h}{\pi(z^2+h^2)^2}\right]^2$	$\dfrac{p}{\rho}=\dfrac{p_0}{\rho}-\dfrac{1}{2}\left[\dfrac{\varGamma h}{\pi(z^2+h^2)}\right]^2$
167	(7-3)の解答		V_∞（大文字）を v_∞（小文字）に訂正

| 167 | (7-3)(a)の解答 | 式(2.54)より・・・から $R=(a^2+b^2)/2z$ 面上では $$W = V_\infty z + \frac{V_\infty(a^2+b^2)}{2z}$$ | 式(7.77)より・・・から $R=(a+b)/2.$ z 面上では $$W = v_\infty z + \frac{v_\infty(a+b)^2}{4z}$$ |

目　次

第1章　流体および流れの基礎的性質 ……………………………… 1
1.1 密度，比体積，比重 …………………………………………… 1
1.2 圧縮率，体積弾性係数 ………………………………………… 4
1.3 粘性 ………………………………………………………………… 7
1.4 表面張力 ………………………………………………………… 12
　　1.4.1 球状液滴 ………………………………………………… 13
　　1.4.2 毛管現象 ………………………………………………… 14
　第1章の演習問題 ………………………………………………… 15

第2章　流体静力学 ……………………………………………………… 16
2.1 圧力 ……………………………………………………………… 16
　　2.1.1 圧力の等方性 …………………………………………… 16
　　2.1.2 パスカルの原理 ………………………………………… 18
2.2 流体中の高さによる圧力の変化 ……………………………… 18
2.3 圧力の釣合い …………………………………………………… 23
　　2.3.1 絶対圧力，ゲージ圧力，圧力ヘッド ………………… 23
　　2.3.2 液柱による圧力表示 …………………………………… 23
2.4 面に作用する圧力と力 ………………………………………… 27
　　2.4.1 平面壁に作用する力 …………………………………… 27
　　2.4.2 圧力中心 ………………………………………………… 28
　　2.4.3 曲面壁に作用する力 …………………………………… 31
2.5 浮力と浮揚体 …………………………………………………… 32
　　2.5.1 浮　力 …………………………………………………… 32
　　2.5.2 浮揚体 …………………………………………………… 33
　第2章の演習問題 ………………………………………………… 35

第3章　流れの基礎 ……………………………………………………… 36
3.1 流体の流れ ……………………………………………………… 36
3.2 層流と乱流 ……………………………………………………… 36

3.3 定常流と非定常流 ································· 38
  3.4 流線と流管 ····································· 39
  3.5 連続の式 ······································· 39
    3.5.1 定常流の連続の式 ··························· 40
    3.5.2 非定常流の連続の式 ························· 40
  3.6 ベルヌーイの定理と応用 ··························· 41
    3.6.1 ベルヌーイの定理 ··························· 41
    3.6.2 小孔からの流出 ····························· 43
    3.6.3 ピトー管 ··································· 45
    3.6.4 ベンチュリ管 ······························· 46
  3.7 回転運動 ······································· 48
    3.7.1 強制渦 ····································· 50
    3.7.2 自由渦 ····································· 52
    3.7.3 ランキン渦（組合せ渦） ······················· 53
    3.7.4 放射流れと自由渦の組合せ ····················· 54
  3.8 運動量の定理と応用 ······························· 56
    3.8.1 曲がり管内の流れ ····························· 57
    3.8.2 十分大きな平板に衝突する噴流 ················· 60
    3.8.3 小さい平板に衝突する噴流 ····················· 60
    3.8.4 水受けに衝突する噴流 ························· 61
    3.8.5 移動する水受けに衝突する噴流 ················· 61
    3.8.6 角運動量の定理と物体が受けるトルク ············ 62
  第3章の演習問題 ····································· 64

第4章 次元解析による流れの解析と相似則 ············· 66
  4.1 次元解析とπ定理 ································· 66
    4.1.1 次元解析 ··································· 66
    4.1.2 バッキンガムのπ定理 ························· 67
  4.2 力学的な相似則 ··································· 71
    4.2.1 相似則 ····································· 71
    4.2.2 相似パラメータ ······························· 73
  第4章の演習問題 ····································· 74

第5章　円管内の流れ……………………………………76
- 5.1 助走区間の流れ……………………………………76
- 5.2 速度分布……………………………………………77
  - 5.2.1 層流の場合……………………………………79
  - 5.2.2 乱流の場合……………………………………81
- 5.3 壁面近傍の流れ，境界層…………………………82
  - 5.3.1 層流境界層……………………………………83
  - 5.3.2 乱流境界層……………………………………85
- 5.4 管摩擦による流動損失……………………………88
  - 5.4.1 管摩擦係数……………………………………88
  - 5.4.2 損失がある場合のベルヌーイの定理………89
  - 5.4.3 機械的なエネルギー変化がある場合のベルヌーイの定理…………91
  - 5.4.4 滑らかな管の管摩擦係数の実用公式………91
  - 5.4.5 粗い管の管摩擦係数の実用公式……………93
  - 5.4.6 円形断面以外の管の摩擦損失………………95
- 5.5 管路系における流動損失…………………………97
  - 5.5.1 水力勾配線およびエネルギー勾配線………97
  - 5.5.2 断面積変化による流動損失…………………98
  - 5.5.3 曲がり管の流動損失………………………107
  - 5.5.4 弁の流動損失………………………………109
  - 5.5.5 分岐と合流による流動損失………………111
  - 5.5.6 複合管路の流動損失………………………111
- 第5章の演習問題………………………………………114

第6章　開きょの流れ…………………………………116
- 6.1 開きょ……………………………………………116
- 6.2 一様流の公式……………………………………117
- 6.3 速度分布…………………………………………120
- 6.4 常流と射流………………………………………120
- 6.5 跳水………………………………………………121
- 第6章の演習問題………………………………………123

第7章　理想流体（非粘性流体）の力学 ･･････････････････ 125
7.1　基礎式の導出のための準備 ････････････････････ 125
7.1.1　テイラー展開による近似 ･････････････････ 125
7.1.2　流れにおける変形 ･･･････････････････････ 126
7.2　基礎方程式の導出 ････････････････････････････ 129
7.2.1　質量保存式 ･･･････････････････････････ 129
7.2.2　運動量保存式（運動方程式） ･･････････････ 130
7.3　理想流体を支配する方程式 ････････････････････ 132
7.4　循環および循環定理 ･･････････････････････････ 134
7.4.1　循環 Γ ･････････････････････････････ 134
7.4.2　循環定理 ･････････････････････････････ 135
7.5　流れ関数 ････････････････････････････････････ 136
7.6　速度ポテンシャル ････････････････････････････ 138
7.6.1　速度ポテンシャル ･･････････････････････ 138
7.6.2　圧力方程式 ･･･････････････････････････ 139
7.7　複素ポテンシャル ････････････････････････････ 140
7.8　複素ポテンシャルにより表される簡単な流れ ････････ 142
7.8.1　一様な流れ ･･･････････････････････････ 142
7.8.2　吹出し（湧出し），吸込み ･･･････････････ 143
7.8.3　渦 ･･･････････････････････････････････ 144
7.8.4　二重吹出し ･･･････････････････････････ 144
7.8.5　円柱周りの流れ ･･･････････････････････ 145
7.9　等角写像 ････････････････････････････････････ 148
7.10　等角写像の応用 ･･････････････････････････････ 149
7.10.1　ジューコフスキー変換 ････････････････ 149
7.10.2　平板翼の揚力 ･･･････････････････････ 150
第7章の演習問題 ････････････････････････････････ 151

第8章　流れの測定 ････････････････････････････････ 152
8.1　圧　力 ･･････････････････････････････････････ 152
8.1.1　液柱圧力計（マノメータ）とトリチェリの水銀気圧計 ･･････････ 152
8.1.2　弾性圧力計 ･･･････････････････････････ 153

8.1.3 静圧測定器 ··· 154
8.1.4 半導体式圧力変換器 ······································ 155
8.2 速　度 ·· 155
8.2.1 ピトー管 ··· 155
8.2.2 回転式流速計 ·· 156
8.2.3 熱線流速計 ··· 156
8.2.4 レーザ・ドップラー流速計 ··························· 157
8.2.5 粒子画像流速計 ··· 158
8.2.6 超音波流速計 ·· 158
8.3 流　量 ·· 159
8.3.1 重量法 ·· 159
8.3.2 羽根車式流量計 ··· 159
8.3.3 フロート式流量計 ·· 160
8.3.4 流速積分法 ··· 160
8.3.5 絞り流量計 ··· 160
8.3.6 せ　き ·· 161
8.3.7 電磁流量計 ··· 161
8.3.8 超音波流量計 ·· 162
8.3.9 渦流量計 ··· 162
第8章の演習問題 ··· 162

演習問題の解答 ··· 164
参考文献 ·· 168
索　引 ··· 169

第1章 流体および流れの基礎的性質

流体力学，流体工学は流体に作用する力の平衡や運動などの力学的な問題を取り扱う学問分野である．ここで，流体は流れる物質の総称をいう．物質の状態は，固体（solid），液体（liquid）および気体（gas）に分けられ，固体は力学的に変形させるのに大きな力を必要とするが，液体と気体は小さな力で容易に変形させられるので流体（fluid）と呼ばれる．したがって，物質は力学的な性質からは固体と流体に分類され，固体はせん断変形に必要な力が変形量に比例するのに対し，流体は変形に必要な力が変形速度に比例する．気体と液体の力学的な違いは，気体は力を加えたり取り去ったりすると容易に縮んだり膨張するのに対して，液体では作用する力によって縮んだり膨張しにくい．

本章では，流体および流れの基礎的な性質，例えば物性値などについて述べる．

1.1 密度，比体積，比重

流体力学，工学では単位体積当たり（$1\ m^3$ 当たり）の流体の質量（mass），すなわち密度（density）ρ [kg/m^3] を用いて種々の力学量を表す．空気の場合には，$\rho = 1.226\ kg/m^3$（101.3 kPa，15℃），水の場合には $\rho = 1000\ kg/m^3$（101.3 kPa，4℃）である．

比体積（specific volume）v [m^3/kg] は，単位質量当たりの流体の体積で，密度 ρ の逆数である．

$$v = \frac{1}{\rho} \tag{1.1}$$

比重（specific weight）s は，標準状態の水の密度 ρ_w（101.3 kPa，4℃における水の密度，$1000\ kg/m^3$）に対する流体の密度 ρ [kg/m^3] の比である．

$$s = \frac{\rho}{\rho_w} \tag{1.2}$$

気体は温度や圧力に対する密度変化が大きいが，完全気体（perfect gas）が仮定できる場合には，次の状態方程式（equation of state）が成立する．

$$\frac{p}{\rho} = pv = RT \tag{1.3}$$

ここで，p [Pa] は絶対圧力（absolute pressure），T [K] は絶対温度（absolute temperature）である．また，R [J/(kg·K)] は気体定数（gas constant）で，気体の種類により異なる値をもつ．表1.1，1.2にそれぞれ，水および空気の密度，粘度・動粘度（1.3節，参照）と温度との関係を，表1.3におもな液体の比重と温度との関係を示す．

分子量が m_1，m_2，密度が ρ_1，ρ_2 の2種類の気体で圧力 p と温度 T がそれ

表1.1 水の密度，粘度，動粘度（標準気圧）[3]

温度 [℃]	密度 ρ [kg/m^3]	粘度 μ [Pa·s]	動粘度 ν [m^2/s]
0	999.84	1.792×10^{-3}	1.792×10^{-6}
5	999.96	1.520	1.520
10	999.70	1.307	1.307
20	998.20	1.002	1.004
30	995.65	0.797	0.801
40	992.22	0.653	0.658
50	988.04	0.548	0.554
60	983.20	0.467	0.475
70	977.77	0.404	0.413
80	971.80	0.355	0.365
90	965.32	0.315	0.326
100	958.36	0.282	0.294

表1.2 空気の密度，粘度，動粘度（標準気圧）[3,8]

温度 [℃]	密度 ρ [kg/m^3]	粘度 μ [Pa·s]	動粘度 ν [m^2/s]
-10	1.342	16.74×10^{-6}	12.47×10^{-6}
0	1.293	17.24	13.33
10	1.247	17.74	14.21
20	1.205	18.24	15.12
30	1.165	18.72	16.04
40	1.127	19.20	16.98
50	1.094	19.30	17.65

表1.3 おもな液体の比重（標準気圧）[8]

物質	温度 [℃]	比重	物質	温度 [℃]	比重
10％食塩水	20	1.071	ガソリン	15	0.660〜0.750
20％食塩水	20	1.148	菜種油	20	0.910〜0.920
アセトン	20	0.791	酢酸（純）	20	1.049
エチルアルコール	20	0.789	硫酸（純）	20	1.834
グリセリン	20	1.264	水銀	20	13.546

それ等しいとき，単位体積当たりのモル数は同一なので次式が成りたつ．

$$\frac{\rho_1}{m_1} = \frac{\rho_2}{m_2} \tag{1.4}$$

式(1.3)から2種類の気体の状態方程式は $p/\rho_1 = R_1 T$ および $p/\rho_2 = R_2 T$ となるので，辺々除して式(1.4)を用いると $m_1 R_1 = m_2 R_2 = R_0$（一定）となる．R_0 は一般気体定数（universal gas constant）と呼ばれ，全ての完全気体に対して一定で $R_0 = mR = 8313$ J/(kg・mol・K) となる．

完全気体の状態変化は次式で表される．

$$pv^n = \text{一定} \tag{1.5}$$

ここで，定数 n はポリトロープ指数で等温変化（isothermal change）の場合には $n=1$ で式(1.3)と同じ式となる．また，等エントロピー変化（isentropic change）または可逆断熱変化（reversible adiabatic change）の場合，$n=\kappa$（κ：断熱指数）になる．完全気体の状態変化はこれらのほかに $n=0$ の等圧変化（constant-pressure change），$n=\infty$ の等積変化（constant-volume change），$1<n<\kappa$ のポリトロープ変化（polytropic change）がある．

表1.4に，おもな気体の気体定数と断熱指数を示す．

［例題 1-1］空気の密度

ジャンボジェットの巡航高度10000 m では気圧は地上の1/4（25.3 kPa），気温は -50 ℃になる．このときの空気の密度を求めなさい．

（解）

空気の気体定数 $R=287$ J/(kg・K) を用いると式(1.3)より，

表1.4 おもな気体の気体定数と断熱指数（標準気圧，20℃）[8]

気体	分子記号	分子量 m	気体定数 R [J/(kg·K)]	断熱指数 κ
空気	—	28.967	287	1.40
ヘリウム	He	4.003	2077	1.66
水素	H_2	2.016	4125	1.41
窒素	N_2	28.013	297	1.40
酸素	O_2	31.999	260	1.40
二酸化炭素	CO_2	44.010	189	1.29
メタン	CH_4	16.043	518	1.30

$$\rho = \frac{p}{RT} = \frac{25.3 \times 10^3 \,[\text{Pa}]}{287\,[\text{J/(kg·K)}] \times 223.15\,[\text{K}]} = 0.395\,[\text{kg/m}^3] \tag{1}$$

[例題1-2] ガソリンの重量

ガソリン（比重 0.73）の 1 l 当たりの質量および比体積を求めなさい．

（解）

式 (1.2) よりガソリンの密度は，

$$\rho = s\rho_w = 0.73 \times 1000 = 730 \text{ kg/m}^3 \tag{1}$$

したがって 1 l 当たりの質量は，

$$730 \times \frac{1}{1000} = 0.73\,[\text{kg}] = 730\,[\text{g}] \tag{2}$$

比体積は式 (1.1) より，

$$v = \frac{1}{\rho} = \frac{1}{730} = 1.370 \times 10^{-3}\,[\text{m}^3/\text{kg}] = 1.370\,[l/\text{kg}] \tag{3}$$

1.2 圧縮率，体積弾性係数

流体には圧力を加えても体積が変化しない非圧縮性流体と，変化する圧縮性流体がある．一般に，液体は非圧縮性流体（incompressible fluid），気体は圧縮性流体（compressible fluid）と考えてよい．

圧縮率（compressibility）β は，圧力増加量 Δp に対する体積の減少率

$-\Delta V/V$ の比として定義される.

$$\beta = \frac{-\dfrac{\Delta V}{V}}{\Delta p} = -\frac{1}{V}\frac{\Delta V}{\Delta p} = -\frac{1}{v}\frac{\Delta v}{\Delta p} = -\frac{1}{v}\frac{\mathrm{d}v}{\mathrm{d}p} \quad [1/\mathrm{Pa}] \tag{1.6}$$

圧縮率 β が大きいと圧力変化に対して縮みやすい流体ということになる.

体積弾性係数 (bulk modulus) K は体積減少率に対する圧力増加量の比として定義される.

$$K = -v\frac{\mathrm{d}p}{\mathrm{d}v} = \frac{1}{\beta} \quad [\mathrm{Pa}] \tag{1.7}$$

体積弾性係数は圧縮率の逆数となり,K が大きいと固い,つまり縮みにくい流体ということになる.表1.5,1.6にそれぞれ,水およびおもな液体の体積弾性係数を示す.

流体中を圧力波が伝播する速度を音速 (sound velocity) a といい次式で表される.

表 1.5 水の体積弾性係数 [GPa][8]

圧力 p [MPa]	温度 [℃]			
	0	10	20	50
0.1 〜2.5	1.93	2.03	2.06	
2.5 〜5.0	1.97	2.06	2.13	
5.0 〜7.5	1.99	2.14	2.22	
7.5 〜10	2.02	2.16	2.24	
10 〜 50	2.13	2.26	2.33	2.43
50 〜100	2.43	2.57	2.66	2.77
100 〜150	2.83	2.91	3.00	3.11

表 1.6 おもな液体の体積弾性係数[8]

物質	温度 [℃]	圧力範囲 [MPa]	体積弾性係数 [GPa]
海水	10	0.1〜15	2.23
エチルアルコール	14	0.9〜3.7	0.97
オリーブ油	40	0.1〜1	1.7
グリセリン	14.8	0.1〜1	4.4
水銀	20	0.1〜10	25.0

表 1.7 音速 [m/s]$^{3,8)}$

物質	温度 [℃]		
	0	20	50
空気	331.7	343.6	360.8
ヘリウム	970	—	—
水	1404	1483	1544
水銀	1460	1451	1437
グリセリン	—	1923	1869
エチルアルコール	1242	1168	1067

$$a = \sqrt{\frac{dp}{d\rho}} = \sqrt{\frac{K}{\rho}} \quad [\text{m/s}] \tag{1.8}$$

体積弾性係数が大きな流体および密度の小さい流体ほど音速は速くなる．表1.7に，空気およびおもな液体の音速と温度との関係を示す．

[例題 1-3] 空気の圧縮率

標準気圧（101.3 kPa）の空気を自動車タイヤに240 kPaまで等温で充てんした．このときの空気の圧縮率を求めなさい．

（解）

充てん前と後の圧力を p_1, p_2, 体積を v_1, v_2 とすると式 (1.5) より等温変化の場合にはポリトロープ指数 $n=1$ であるので $p_1 v_1 = p_2 v_2$ となり，

$$v_2 = \frac{p_1}{p_2} v_1 = \frac{101.3 \times 10^3}{240 \times 10^3} v_1 = 0.422 v_1 \tag{1}$$

したがって圧縮率は式 (1.6) から

$$\beta = -\frac{\frac{\Delta V}{V}}{\Delta p} = -\frac{\frac{v_2 - v_1}{v_1}}{p_2 - p_1} = -\frac{\frac{0.422 v_1 - v_1}{v_1}}{240 \times 10^3 - 101.3 \times 10^3} = 4.167 \times 10^{-6} \quad [1/\text{Pa}] \tag{2}$$

[例題 1-4] 海水の圧縮率

深海6500 mで標準気圧（101.3 kPa）の680倍の圧力が作用するとき，標準気圧と比べた海水の体積の減少率を求めなさい．

(解)

海水の体積弾性係数は表1.6から $K = 2.23$ GPa であるので式 (1.7) から,

$$\frac{\mathrm{d}v}{v} = -\frac{\mathrm{d}p}{K} = -\frac{101.3 \times 10^3 \times 680 - 101.3 \times 10^3}{2.23 \times 10^9} = -0.03 \quad (1)$$

したがって体積は3％減少する.

[例題1-5] 気体の音速

20℃におけるヘリウムの音速を求めなさい. ただし, ヘリウムの密度を $0.1785\mathrm{kg/m^3}$ とする.

(解)

気体中を圧力波が伝播するときには一般には断熱変化として扱う. 式 (1.5) を微分して,

$$\frac{\mathrm{d}p}{\mathrm{d}\rho} = \kappa \frac{p}{\rho} \quad (1)$$

したがって表1.4からヘリウムの気体定数 $R = 2077$, 断熱指数 $\kappa = 1.66$ を用いると,

$$a = \sqrt{\frac{\mathrm{d}p}{\mathrm{d}\rho}} = \sqrt{\kappa \frac{p}{\rho}} = \sqrt{\kappa R T} = \sqrt{1.66 \times 2077 \times 293.15} = 1005.3 \ [\mathrm{m/s}] \quad (2)$$

1.3 粘 性

粘性は流体が変形されるときに抵抗する性質であり, 粘性によりせん断応力 (shear stress) が発生する. また, 固体壁面上の流体は粘性により固体壁面に付着している. これをすべりなし条件 (no-slip condition) あるいは粘着条件という. 粘性が大きいと水あめのように粘りのある流体となり, 粘性が小さいと水や空気のように粘りのない流体となる.

いま, 図1.1に示すように小さなすきま h で大きな面積 S の2枚の平行平板間に静止流体が満たされている. 上側の平板Ⅰを一定速度 U で動かすと, 平板Ⅰ側の流体は粘性により板に引きずられて速度 U で動き, 下側の平板Ⅱ上の流体は静止したままである. したがって, 平板ⅠとⅡの間に挟まれている流体はせん断変形する. 平板Ⅰを動かすのに必要な力 F の大きさは, 速度 U と面積 S

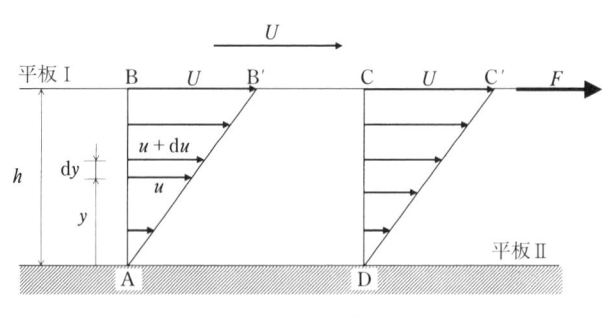

図1.1 流体の摩擦力

が大きいほど，また，すきま h が小さいほど大きくなると推察されるが，これらの関係は次式のようになる．

$$F = \mu \frac{SU}{h} \tag{1.9}$$

ここで，μ [Pa・s] は粘性係数（coefficient of viscosity）あるいは粘度（viscosity）と呼ばれ感覚的な流体の粘りに相当する．この関係を流体中の微小要素に適用すると，図1.1に示す壁面に垂直な距離と速度から得られる三角形の相似から次のようになる．

$$\frac{U}{h} = \frac{u}{y} = \frac{du}{dy} \tag{1.10}$$

したがって，微小要素に作用する力は式 (1.9) を用いて次のようになる．

$$F = \mu S \frac{du}{dy} \tag{1.11}$$

単位面積当たり（$1\,m^2$ 当たり）の流体に作用するせん断応力 τ [N/m^2] は次のようになる．

$$\tau = \frac{F}{S} = \mu \frac{du}{dy} \tag{1.12}$$

この関係をニュートンの粘性法則（Newton's law of viscosity）といい，式 (1.12) が成り立つ流体をニュートン流体（Newtonian fluid）と呼ぶ．ニュートン流体では粘度 μ が大きいほど，また，y 方向への速度変化（速度勾配）du/dy が大きいほど流体に作用するせん断応力 τ は大きくなる．表1.1, 1.2にそれぞ

れ，水および空気の粘度と温度との関係を示す．

せん断応力 τ が存在すると，図1.2に示すように分子の運動により波線の上側の大きな運動量をもつ分子が下側へ，逆に下側の小さな運動量をもつ分子が上側へ移動することで運動量の交換が行われ，その結果，上側の流体は下の流体を加速し下側の流体は上の流体を減速することになる．

流体の運動に及ぼす粘性の影響は流体の慣性力に左右される．いま，動粘性

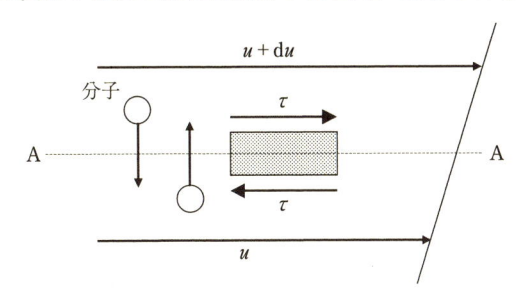

図1.2　流体のせん断応力

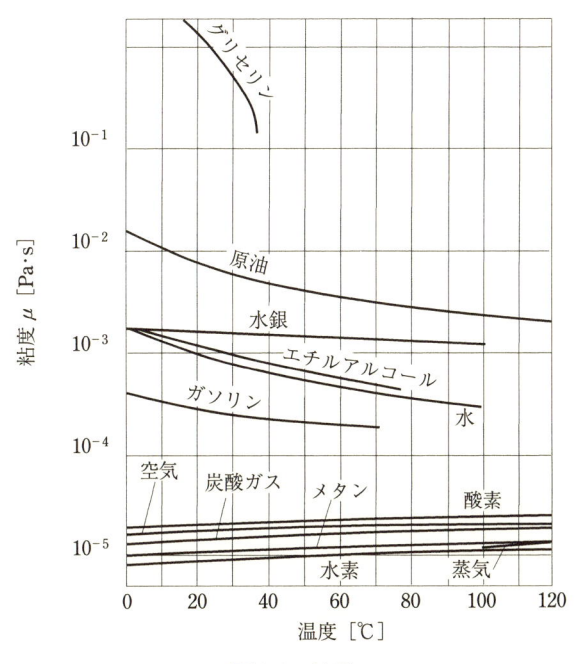

図1.3　粘度

係数 (coefficient of kinematic viscosity) あるいは動粘度 (kinematic viscosity) $\nu\,[\mathrm{m^2/s}]$ を次式で定義する.

$$\nu = \frac{\mu}{\rho} \tag{1.13}$$

動粘度 ν は密度 ρ に対する粘度 μ の比で，これは流体の慣性力に対する粘性力の比を意味し流体自身の動きやすさを表す．表1.1, 1.2にそれぞれ，水および空気の動粘度と温度との関係を示す．

図1.3に示すように液体と気体の粘度の温度変化は全く反対の特性を示すが，それは次のように説明できる．液体は分子間の凝集力が強いため，温度が上昇すると分子運動が活発になり凝集力が低下し粘度が減少する．一方，気体は分子間の凝集力が極めて小さいため，温度上昇に伴う分子運動の活発化により分子間衝突が激しくなり粘度が増大する．

図1.4に示すように液体と気体の動粘度の温度変化に対する傾向は粘度と同

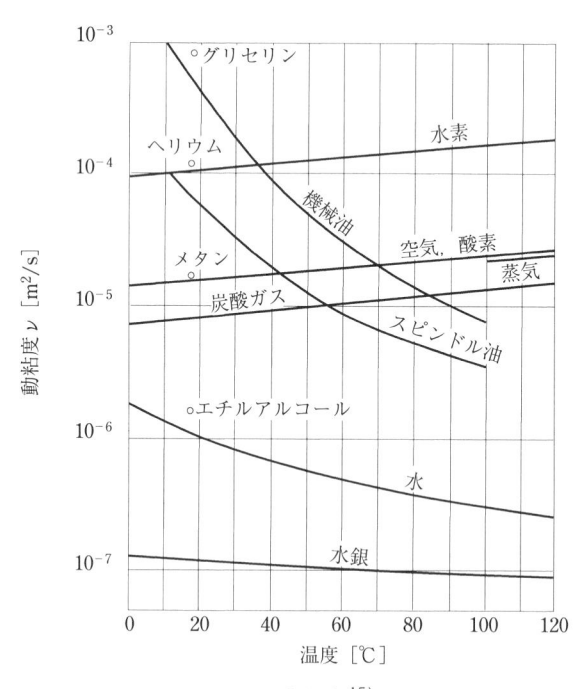

図1.4 動粘度 [15)]

様であるが，動粘度の値は粘度を密度で除しているため，気体に比べて密度が非常に大きい液体は動粘度が小さくなる．動粘度と流体の運動の関係は次のように説明できる．動粘度が小さい液体では慣性に対する粘性の作用が弱いため，いったん生じた流れは保たれやすい．一方，動粘度が大きい気体では慣性に対する粘性の作用が強いため，いったん生じた流れも減衰されやすい．

式 (1.12) が成り立つ流体はニュートン流体であるが，その他の流体を非ニュートン流体 (non-Newtonian fluid) と呼ぶ．非ニュートン流体の例として，粘土泥しょうやアスファルトなどのビンガム流体，高分子水溶液やガラスの融液などの擬塑性流体，でん粉水溶液や砂と水の混合物などのダイラタント流体がある．図1.5に，各種流体のせん断応力と速度勾配との関係を示す．非ニュートン流体に作用するせん断応力は速度勾配に対して原点を通る直線とはならない．なお，非ニュートン流体を扱う学問領域をレオロジー (rheology) という．

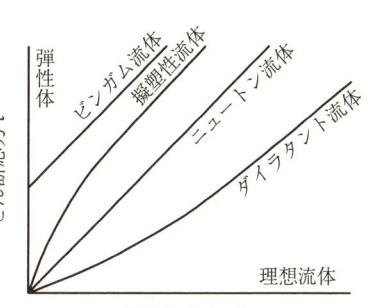

図1.5 流動曲線

[例題1-6] 回転二重円筒に作用する摩擦力

図1.6に示すように内筒と外筒の直径がそれぞれ d_1, d_2 で長さ l の同心二重円筒のすきまが粘度 μ の油で満たされている．内筒が n [rpm] で回転し，外筒が静止しているとき，油のせん断応力によって内筒に発生する力（摩擦力）を求めなさい．また，回転によって損失する動力 L [W] を求めなさい．ただし，内筒と外筒の間のすきまは十分小さいものとする．

（解）
この場合，内筒の周速度は，

$$V = \frac{2\pi n [\text{rad/s}]}{60 [\text{sec}]} \times \frac{d_1 [\text{m}]}{2} = \frac{\pi n d_1}{60} [\text{m/s}] \quad (1)$$

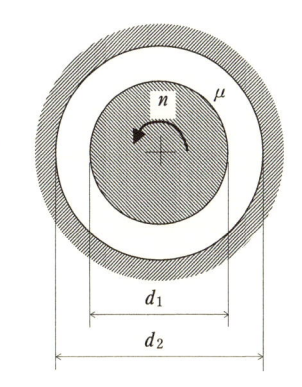

図1.6 回転二重円筒

外筒は静止しているので，すきまでの速度勾配は，

$$\frac{du}{dy} = -\frac{V[\text{m/s}]}{(d_2-d_1)/2[\text{m}]} = \frac{\pi n d_1}{30(d_2-d_1)}[1/\text{s}] \tag{2}$$

内筒に作用する摩擦力は速度勾配を用いて，

$$-F = S\mu\frac{du}{dy} = -(\pi d_1 \times l) \times \mu \times \frac{\pi n d_1}{30(d_2-d_1)} = -\frac{n\mu\pi^2 d_1^2 l}{30(d_2-d_1)}[\text{N}] \tag{3}$$

ここで，負の符号は摩擦力が回転方向と反対向きであることを示す．したがって，損失動力は

$$L = FV = \frac{n\mu\pi^2 d_1^2 l}{30(d_2-d_1)}[\text{N}] \times \frac{\pi n d_1}{60}[\text{m/s}] = \frac{\mu\pi^3 d_1^3 l}{1800(d_2-d_1)}n^2[\text{W}] \tag{4}$$

1.4 表面張力

　流体には凝集性（cohesion）と粘着性（adhesion）がある．凝集性は分子間力により流体が単体で存在しようとする性質で，粘着性は他の物体に付着しようとする性質である．流体同士の界面，例えば液体と気体の界面では，凝集性として表面張力（surface tension）が存在する．いま，図1.7に示すような液体表面上の曲線 l 上の微小部分 dl に直角に面を引き裂こうとする力 dF を考えると，表面張力 σ [N/m] は液体表面の単位長さ当たりの引張力として次式で定義される．

$$\sigma = \frac{dF}{dl} \tag{1.14}$$

表1.8におもな液体と気体の界面の表面張力を示す．一般に密度が大きい流体

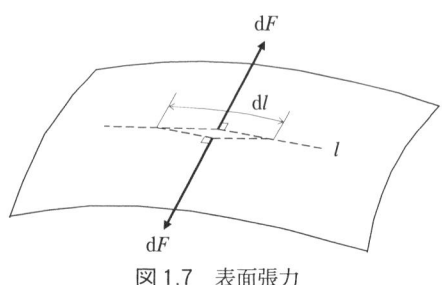

図1.7　表面張力

1.4 表面張力

表1.8 おもな液体の表面張力[3,8]

物質	接触気体	温度 [℃]	表面張力 σ [N/m]
水	空気	20	0.0728
水銀	真空	20	0.481
水銀	空気	20	0.476
水銀	水	20	0.380
グリセリン	空気	20	0.0634
エチルアルコール	空気	20	0.0223

では表面張力が大きくなる.

1.4.1 球状液滴

微小な球状の液滴を考える．液滴は表面張力によって球が締め付けられるため，球内部の圧力 p_i は外部の圧力 p_o よりも増加する．いま，図1.8に示す球を引き裂いてみると，引き裂いた断面に圧力差 $\Delta p = p_i - p_o$ が作用している．切り口の断面積は $\pi d^2/4$ なので，球内部と外部の圧力差 $p_i - p_o$ によって切り口断面を押す力は，$(p_i - p_o)\pi d^2/4$ となる．一方，表面張力 σ によって切り口の周上に働く力は，球の直径を d とすると周長は πd なので $\pi d\sigma$ となる．したがって，表面張力と圧力差による力の釣合いは次式のようになる.

$$\pi d\sigma = \frac{\pi d^2}{4}\Delta p = \frac{\pi d^2}{4}(p_i - p_o) \quad \therefore p_i - p_o = \frac{4\sigma}{d} \tag{1.15}$$

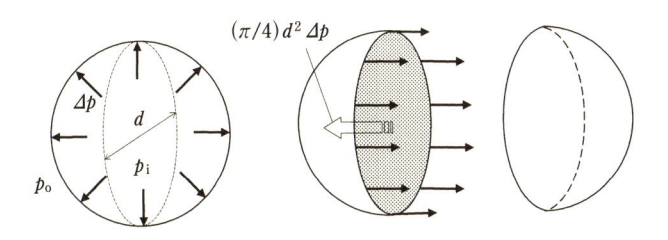

図1.8 球状液滴

1.4.2 毛管現象

液体中に細い管を立てると，管内では周囲とは異なる液面高さとなる現象が生じる．このような現象を毛管現象（毛細管現象，capillarity）といい，図1.9に示すように管壁と液面のなす角度 θ を接触角（angle of contact）という．図1.9（a）のように液体の凝集力が液体の管壁への粘着力より小さい場合，管内液面は高くなり $\theta<90°$ となる．一方，図1.9（b）のように上記と逆の場合，管内液面は低くなり $\theta>90°$ となる．表1.9に，各種液体のガラス面に対する接触角を示す．粘着力は主に密度に関係し，密度の大きい液体は粘着力が小さく細管内を下降する．

いま，図1.10のように半径 r_0 の細い円管内の液面の上昇高さを求めてみる．液面が半径 r の球面と仮定すると，$r\cos\theta = r_0$ なので液面の半径は次式となる．

$$r = \frac{r_0}{\cos\theta} \tag{1.16}$$

液面に作用する表面張力 σ によって液体が鉛直上方に引っ張り上げられる力は

(a) $\theta<90°$ (b) $\theta>90°$

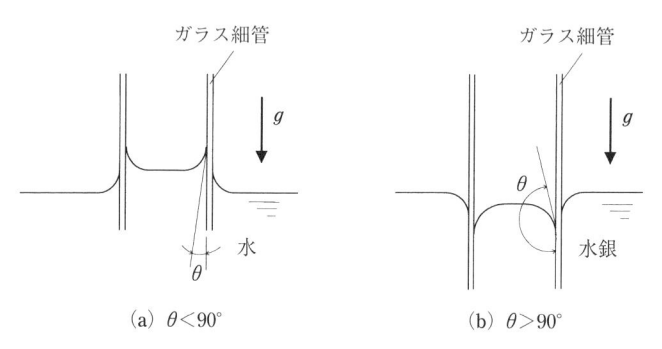

図1.9 毛管現象（細い管）

表1.9 ガラス面と液体の間の接触角 [3,8]

液体	接触角 θ [°]
エチルアルコール	0
水	0〜9
エーテル	16
水銀	130 〜 150

$\sigma\cos\theta$ なので，液面全体では周に沿って積分し $2\pi r_0\sigma\cos\theta$ となる．上昇した高さを h とすると，この部分の液体の体積は $\pi r_0^2 h$ なのでその重量は $\rho\pi r_0^2 hg$ となる．液面が上昇して静止しているときには，表面張力によって引っ張り上げられる力と重力による下向きの力の釣合い式から上昇高さ h が得られる．

$$2\pi r_0\sigma\cos\theta = \rho\pi r_0^2 hg \quad \therefore h = \frac{2\sigma\cos\theta}{\rho r_0 g}$$
(1.17)

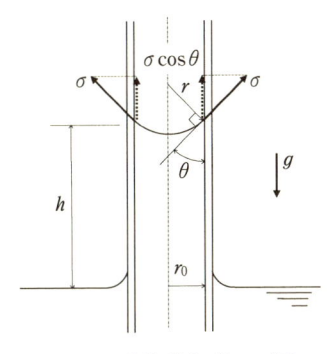

図1.10 毛管現象（細い管）の上昇高さ

$r_0 < 2.5$ mm のガラス管内の水の場合には接触角は $\theta = 0°$ としてよく，$h = 2\sigma/\rho r_0 g$ が得られ実際とよく合うが，これより大きな径のガラス管内では液面は球と仮定できず接触角が大きくなり水はあまり上昇しない．

第 1 章の演習問題

(1-1)
体積 0.8 m³，圧力 101.3 kPa の気体が断熱変化によって，0.36 m³，303.9 kPa になったとき，この気体の断熱指数を求めなさい．

(1-2)
体積弾性係数が 1.20 GPa の液体に 7.2 MPa の圧力を加えたときの体積減少率と圧縮率を求めなさい．

(1-3)
粘度が 2 Pa・s の流体の速度分布 u [m/s] が壁面からの距離 y [m] の二次関数で表される．せん断応力が $y=1$ において 2 Pa，$y=0$ において 4 Pa であり，速度が $y=0$ において $u=0$ である．速度分布を y を用いて表しなさい．

(1-4)
直径 50 mm の細いワイヤのリングが水面に浮かんでいるとき，ワイヤ径の最大値を求めなさい．ただし，ワイヤと水の間の接触角は 0° とし，ワイヤの密度を 7800 kg/m³，水の表面張力を 0.0728 N/m とする．

第 2 章　流体静力学

　流体に作用する力には，流体の面に作用する面積力と流体自体に作用する体積力がある．静止している流体に対してはこれらの力は平衡状態にあり，その力の釣合いを取り扱う力学が流体静力学である．深海では海水によって物体に非常に高い圧力が作用するように，液体は密度が大きいため深さ方向への圧力の変化が大きいが，圧力変化に伴う密度変化は小さい．一方，高山では麓に比べて気圧が低くなるとともに空気が薄くなるように，気体は密度が小さいため圧力によって密度が変化する．

　本章では，容器（例えばダムや船）の中あるいは外に静止した流体が存在するとき容器が流体から受ける静的な力について述べる．

2.1　圧　　力

　静止状態の流体にはせん断応力（shear stress）が作用せず，面に垂直な法線応力（normal stress）のみが作用する．単位面積当たり（$1\,\mathrm{m}^2$ 当たり）の流体が互いに押し合う垂直力のことを圧力（pressure）と定義し，単位を [Pa]（= [N/m^2]）で表す．面積 A の平板全体に作用する力を F とし，その中の微小面積 dA に作用する力を dF とすると圧力 p は次式で与えられる．

$$p = \frac{dF}{dA} \tag{2.1}$$

圧力 p が面積 A 全体にわたって一様な場合，面に作用する平均圧力（mean pressure）は次式となる．

$$p = \frac{F}{A} \tag{2.2}$$

2.1.1　圧力の等方性

　静止している流体中の 1 点に作用する圧力は向きによらず等しくなる．これを圧力の等方性という．いま，図 2.1 のような静止流体中の微小な三角柱形状の流体要素を考える．図 2.1 (a) に示すように微小三角柱の x, y, z および斜辺

2.1 圧　力　17

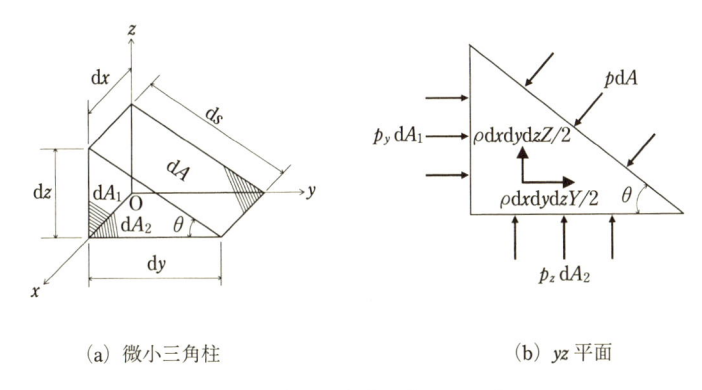

(a) 微小三角柱　　　　　　　(b) yz 平面

図 2.1　微小三角柱に作用する力

方向の長さをそれぞれ dx, dy, dz, ds とする. y 軸に垂直な面, z 軸に垂直な面および斜面の面積をそれぞれ dA_1, dA_2, dA とし, 各面に作用する圧力をそれぞれ次のように定義する.

$dA_1 (=dz\,dx)$ に作用する圧力：p_y
$dA_2 (=dx\,dy)$　　〃　　　〃：p_z
$dA\ (=ds\,dx)$　　〃　　　〃：p

また, 流体には圧力に加えて, 一般に重力などの外力が作用する. 単位質量当たり (1 kg 当たり) の流体に作用する外力を質量力 (mass force) という. いま, 図 2.1 (b) に示すように体積 $dx\,dy\,dz/2$, 質量 $\rho\,dx\,dy\,dz/2$ の微小三角柱に作用する y および z 方向の質量力をそれぞれ Y, Z [N/kg] とする. 流体が静止しているということは, 流体に作用する力が全て釣り合っているということである. したがって, y および z 方向への力の釣合いは次式となる.

$$y \text{ 方向への釣合い式}: p_y dA_1 + \frac{1}{2}\rho\,dx\,dy\,dz\,Y = (p\,dA)\sin\theta \tag{2.3}$$

$$z \text{ 方向への釣合い式}: p_z dA_2 + \frac{1}{2}\rho\,dx\,dy\,dz\,Z = (p\,dA)\cos\theta \tag{2.4}$$

微小三角柱の y 方向への投影面積は $dA_1 = dA\sin\theta = dz\,dx$ なので, 式 (2.3) は次式となる.

$$p_y\,dz\,dx + \frac{1}{2}\rho\,dx\,dy\,dz\,Y = p\,dz\,dx \quad \therefore\ p_y + \frac{1}{2}\rho\,Y\,dy = p \tag{2.5}$$

z 方向への投影面積は $dA_2 = dA\cos\theta = dx\,dy$ なので，式 (2.4) は次式となる．

$$p_z\,dx\,dy + \frac{1}{2}\rho\,dx\,dy\,dz\,Z = p\,dx\,dy \quad \therefore p_z + \frac{1}{2}\rho Z\,dz = p \tag{2.6}$$

微小三角柱は十分小さいと考えられるので dy と dz に関する積の項は無視することができ，式 (2.5)，(2.6) から次のようになる．

$$p_y = p_z = p \tag{2.7}$$

したがって，角度 θ によらず p は p_y あるいは p_z に等しい．つまり，静止流体中の圧力は方向に無関係でありこれを圧力の等方性という．運動している流体の場合には，圧力はせん断応力の影響を受け方向によって変化する．

2.1.2 パスカルの原理

密閉容器の中で静止している流体の一部に圧力を加えると，他の全ての流体も同じ圧力になる．これをパスカルの原理 (Pascal's principle) という．例えば，一方の面積 A_1 のピストンを力 F_1 で押すと，$p = F_1/A_1$ の圧力が発生する (図 2.2)．容器内ではパスカルの原理より同一の圧力となるので，力 $F_2 = pA_2$ が発生し

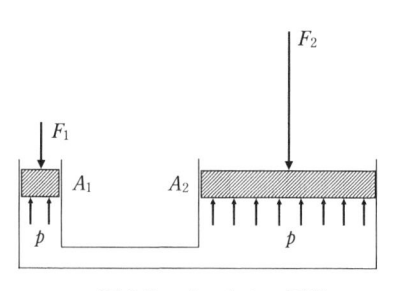

図 2.2 パスカルの原理

流体が他方のピストンを押す．二つのピストンの面積が $A_1 < A_2$ のとき，$F_1 < F_2$ となる，つまり，小さな力 F_1 を与えることで大きな力 F_2 を得ることができる．これらは水圧機や油圧機として，車両のブレーキ，建設関係の重機などに利用されている．

2.2 流体中の高さによる圧力の変化

いま，静止している流体に重力加速度が作用する場合を考える．断面積が A で高さ方向に dz の長さをもつ質量 $\rho A\,dz$ の微小要素 (図 2.3) を考え，高さ z の面での圧力を p とすると，$(z + dz)$ 面での圧力は $p + (dp/dz)dz$ となり微小要素に作用する力は次のようになる．

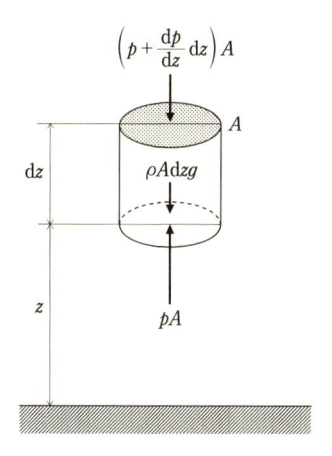

図2.3 鉛直方向の圧力変化

z面の圧力pによる力： pA （上向き）
$(z+dz)$面の圧力$p+\dfrac{dp}{dz}dz$による力： $\left(p+\dfrac{dp}{dz}dz\right)A$ （下向き）
微小要素に働く重力： $\rho A\,dz\,g$ （下向き）
                                                                            (2.8)

力の釣合いから次式が成立する．

$$pA = \left(p+\dfrac{dp}{dz}dz\right)A + \rho A\,dz\,g \quad \therefore \dfrac{dp}{dz} = -\rho g \qquad (2.9)$$

上式はz方向への圧力変化（圧力勾配）dp/dzと密度ρとの関係を表わし，液体でも気体でも全ての流体について成り立つ．

［例題2-1］液体の高さによる圧力

液体中の液面からの深さと圧力の関係を求めなさい．

（解）

非圧縮流体を仮定し式(2.9)を積分すると次式となる．

$$p = -\rho g z + C \qquad (1)$$

ここで，境界条件として液面$z=0$での圧力をp_0とすると，積分定数は$C=p_0$と求められる．いま，液面下の深さを$h(=-z)$とすると式(1)は，

$$p = \rho g h + p_0 \qquad (2)$$

液面圧力が$p_0=0$のときは次のようになる．

$$p = \rho g h \tag{3}$$

いま，図2.4のような水銀を用いた液柱の水銀液面からの深さによる圧力変化から標準大気圧（standard atmospheric pressure），すなわち0℃（= 273.15 K）での水銀柱760 mm の圧力を求めてみる．水銀の密度 ρ = 13595.1 kg/m^3，重力加速度 g = 9.807 m/s^2，高さ h = 0.760 m を式(3)に代入すると，

$$\begin{aligned} p &= 13595.1 \times 9.807 \times 0.760 \\ &= 101.3 \times 10^3 [\text{Pa}] = 101.3 [\text{kPa}] \\ &= 1013 [\text{hPa}] \end{aligned} \tag{4}$$

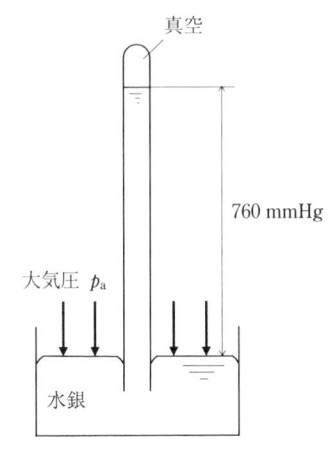

図2.4 トリチェリの水銀気圧計

このように液柱圧力計の原理（8.1節，参照）を利用して真空と大気圧との差圧，つまり絶対圧力としての大気圧を測定する装置をトリチェリ（Torricelli）の水銀気圧計という．これは片方の端が閉じているガラス管を水銀中に浸してガラス管内を水銀で満たし鉛直に大気中で引き上げると，ガラス管の閉じている部分には水銀の重量によって空間が生じることを利用する．この空間は外部から気体を吹き込んで出来たものではなく，初め水銀で満たされていた部分が水銀の自重によって発生した部分であるから真空状態にあると考えられる．したがって，ガラス管内の水銀液面高さ h は真空と大気圧との圧力の差の分だけ水銀が押し上げられたと考えることができる．すなわち，大気の絶対圧力が水銀の高さ h の圧力と釣り合っていると考えると，実測による水銀の高さ h = 760 mm から大気の絶対圧力が式(4)により計算できる．

［例題2-2］気体中の高さによる圧力

気体中における高さと圧力の関係を求めなさい．

（解）

気体には圧縮性があるため，式(2.9)で示す圧力 p は密度 ρ の関数となり簡単には積分できない．

$$\frac{dp}{dz} = -\rho g \quad \therefore dz = -\frac{dp}{\rho g} \tag{1}$$

はじめに完全気体の場合を考え，基準高さ $z=0$ での圧力を p_0，密度を ρ_0 とし，気体の状態変化を断熱変化と仮定すると式 (1.5) より，

$$pv^\kappa = \frac{p}{\rho^\kappa} = \frac{p_0}{\rho_0^\kappa} = 一定 \quad \therefore \rho = \rho_0 \left(\frac{p}{p_0}\right)^{\frac{1}{\kappa}} \tag{2}$$

上式を式 (2.9) へ代入すると，

$$dz = -\frac{1}{g} \frac{p_0^{1/\kappa}}{\rho_0 p^{1/\kappa}} dp \tag{3}$$

この式を $z=0 \sim z(p=p_0 \sim p)$ の区間で積分すると，

$$\int_0^z dz = \int_{p_0}^p -\frac{1}{g} \frac{p_0^{1/\kappa}}{\rho_0 p^{1/\kappa}} dp$$

$$\therefore z = \int_{p_0}^p -\frac{1}{g} \frac{p_0^{1/\kappa}}{\rho_0 p^{1/\kappa}} dp = \frac{\kappa}{g(\kappa-1)} \frac{p_0^{1/\kappa}}{\rho_0} (p_0^{(\kappa-1)/\kappa} - p^{(\kappa-1)/\kappa})$$

$$= \frac{\kappa}{g(\kappa-1)} \left(\frac{p_0}{\rho_0} - \frac{p}{\rho}\right) \quad \left[\because 式(1.5)より, \frac{p}{\rho^\kappa} = \frac{p_0}{\rho_0^\kappa}\right] \tag{4}$$

$$= \frac{\kappa}{g(\kappa-1)} (RT_0 - RT) \quad \left[\because 式(1.3)より, \frac{p_0}{\rho_0} = RT_0, \frac{p}{\rho} = RT\right] \tag{5}$$

ここで T_0 は $z=0$ での温度である．

式 (4) は，高さ z と圧力 p および密度 ρ の関係式である．式 (5) を微分すると，

$$dz = -\frac{\kappa R}{g(\kappa-1)} dT \quad \therefore \frac{dT}{dz} = -\frac{g(\kappa-1)}{\kappa R} \tag{6}$$

上式は，高さ方向への温度変化を示している．空気の気体定数 $R=287$ J/(kg・K)，重力加速度 $g=9.807$ m/s^2，断熱指数 $\kappa=1.4$ を式 (6) に代入すると，

$$\frac{dT}{dz} = -9.807 \times (1.4-1)/(1.4 \times 287) = -9.76 \times 10^{-3} \text{ [K/m]} \tag{7}$$

したがって，完全気体を仮定して導かれた式 (7) からは高度が 1000 m 上昇すると温度が 9.76 ℃低下することになるが，実測値はこの値とは若干異なる．これは，大気は断熱変化するという仮定が完全には成立しないためである．

つぎに，実測値を用いて理想状態での式を実際に合わせるように修正する．実測によると，高度が1000 m 上昇すると温度が6.5℃低下するので高さ z と温度 T の関係は，

$$T = T_0 - 0.0065z \tag{8}$$

式 (1.3) の状態方程式より，

$$\rho = \frac{p}{RT} = \frac{p}{R(T_0 - 0.0065z)} \tag{9}$$

式 (2.9) より $\rho = -\dfrac{1}{g}\dfrac{\mathrm{d}p}{\mathrm{d}z}$ なので，

$$-\frac{1}{g}\frac{\mathrm{d}p}{\mathrm{d}z} = \frac{p}{R(T_0 - 0.0065z)} \quad \therefore \quad \frac{\mathrm{d}p}{p} = -\frac{g\,\mathrm{d}z}{R(T_0 - 0.0065z)} \tag{10}$$

上式を積分すると，

$$\int_{p_0}^{p}\frac{\mathrm{d}p}{p} = \int_{0}^{z} -\frac{g\,\mathrm{d}z}{R(T_0 - 0.0065z)} \tag{11}$$

$\int \dfrac{\mathrm{d}x}{ax+b} = \dfrac{1}{a}\ln|ax+b|$ の関係を用いると上式の両辺はそれぞれ，

左辺 $= [\ln|p|]_{p_0}^{p} = \ln p - \ln p_0 = \ln \dfrac{p}{p_0}$

右辺 $= -\dfrac{g}{R}\displaystyle\int_{0}^{z}\dfrac{\mathrm{d}z}{T_0 - 0.0065z} = -\dfrac{g}{R}\dfrac{1}{-0.0065}[\ln|T_0 - 0.0065z|]_{0}^{z}$

$\quad\quad = -\dfrac{g}{R}\dfrac{1}{-0.0065}[\ln(T_0 - 0.0065z) - \ln T_0]$

$\quad\quad = \dfrac{g}{0.0065R}\ln\dfrac{T_0 - 0.0065z}{T_0}$

したがって式 (11) は，

$$\ln \frac{p}{p_0} = \frac{g}{0.0065R}\ln\left(\frac{T_0 - 0.0065z}{T_0}\right) \tag{12}$$

空気の気体定数 $R = 287$ J/(kg・K)，重力加速度 $g = 9.807$ m/s^2 を上式に代入すると，

$$\ln \frac{p}{p_0} = 5.257\ln\left(\frac{T_0 - 0.0065z}{T_0}\right) \quad \therefore \quad \frac{p}{p_0} = \left(1 - \frac{0.0065z}{T_0}\right)^{5.257} \tag{13}$$

したがって，完全気体の状態方程式 (1.3) と圧力変化の理論式 (2.9) に実測

による高さと温度の関係式 (8) を用いることにより，式 (13) から実際の気体が高さによってどのように圧力変化するのかが求められる．

2.3 圧力の釣合い

2.3.1 絶対圧力，ゲージ圧力，圧力ヘッド

温度には物理的な絶対零度を基準とした絶対温度 (absolute temperature) [K] と，日常使用頻度の高い摂氏零度を基準とした摂氏温度 [℃] とがある．圧力にもこれと同様に，真空を基準にした絶対圧力 (absolute pressure) p_a と測定時の大気圧 p_0 を基準にしたゲージ圧力 (gauge pressure) p とがあり，これらの関係を示すと図2.5のようになる．したがって，それらの関係は次式となる．

$$p_a = p_0 + p \tag{2.10}$$

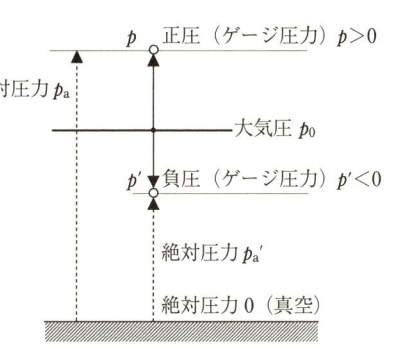

図2.5 絶対圧力とゲージ圧力

$p = \rho g h$ (例題2-1，参照) なので両辺を ρg で除して，

$$h = \frac{p}{\rho g} \tag{2.11}$$

これは圧力 p を高さ h に換算した表示で，圧力ヘッド (pressure head) といわれる．例えば，標準大気圧を水の圧力ヘッドで換算すると，

$$h = \frac{p}{\rho g} = \frac{101.3 \times 10^3}{1000 \times 9.807} = 10.33 \ [\text{m}] \tag{2.12}$$

したがって，標準大気圧は水柱で約10 mに等しいことがわかる．すなわち地上の物体には常に水柱10 m分の圧力が作用していることになる．

2.3.2 液柱による圧力表示

$p = \rho g h$ の関係を利用して，図2.6のように鉛直に立てたガラス管内の液柱

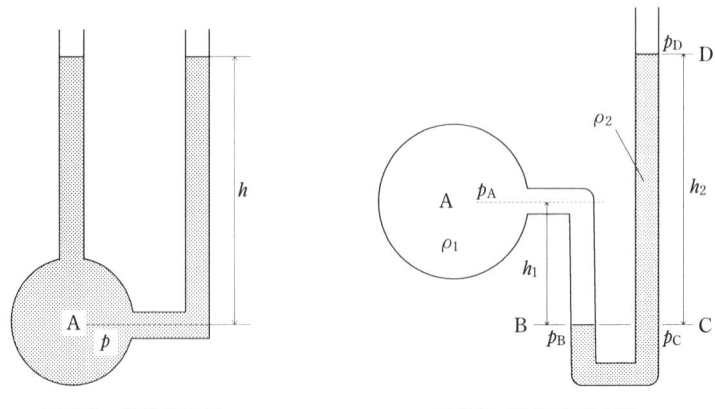

図 2.6 液柱圧力計　　　　図 2.7 U字管圧力計

高さから圧力を測定する装置を液柱圧力計（マノメータ，manometer）と呼ぶ．したがって，ゲージ圧力（大気圧を基準とした圧力）の測定については，水面からの深さ h を測れば点 A での圧力 p はゲージ圧力 $p=\rho gh$ より求まる．これを利用して大気圧を測定するのがトリチェリの水銀気圧計である（8.1.1 項 参照）．

　U 字形のガラス管内に密度の大きい液体を満たした液柱圧力計を U 字管圧力計（U-tube manometer）と呼ぶ（図 2.7）．いま，点 A での圧力 p_A を，圧力の釣合いから求める．ここで，容器は密度 ρ_1 の流体で満たされ，U 字管には密度 ρ_2 の液体が満たされており $\rho_1<\rho_2$ とする．容器に接続されている U 字管の高さと等しい容器内の位置を点 A，U 字管内の密度 ρ_1 と ρ_2 の液体の界面を点 B，点 B と同じ高さで U 字管の反対側の高さ位置を点 C，U 字管が大気に開放されている液面を点 D とする．点 A と B の高さの差を h_1，点 D と C の高さの差を h_2 とする．

　いま，ゲージ圧力で考えると，点 D での圧力 p_D は大気圧なので，
$$p_D=0 \tag{2.13}$$
点 C での圧力 p_C は，密度 ρ_2 の流体の高さ h_2 分の重さであるので，
$$p_C=\rho_2 g h_2 \tag{2.14}$$
点 B での圧力 p_B は p_A の圧力に，密度 ρ_1 の流体の高さ h_1 分の重さが加わるため，

$$p_B = p_A + \rho_1 g h_1 \tag{2.15}$$

U字管圧力計内の流体は静止しているので，U字管内でつながっている流体の同じ高さでの圧力は等しい．

$$p_B = p_C \tag{2.16}$$

上式に式 (2.14)，(2.15) を代入すると，

$$p_A + \rho_1 g h_1 = \rho_2 g h_2 \quad \therefore p_A = \rho_2 g h_2 - \rho_1 g h_1 \tag{2.17}$$

したがって，U字管内の流体の高さから容器内の圧力 p_A が求められる．特別な例として，ρ_1 の流体が気体のときは液体に対して密度が十分小さい（$\rho_1 \ll \rho_2$）ので式 (2.17) の ρ_1 の項を無視して，

$$p_A = \rho_2 g h_2 \tag{2.18}$$

この式から $\rho_1 \ll \rho_2$ のときには ρ_2 の液体の高さ h_2 がわかれば容器内の圧力 p_A が求められる．

逆U字形のガラス管を用いた逆U字管圧力計（図2.8）もU字管圧力計と同様な考え方で圧力を求めるために利用される．逆U字管内の上部には密度 ρ_2 の小さい流体，例えば気体を入れて使われる．いま，点Aでの圧力 p_A をB点での圧力 p_B を用いて表してみる．p_B の例としては例えば大気圧や真空のような基準となる圧力が用いられる．逆U字管内のつながっている流体の同じ高さでの圧力は等しいので，

$$p_C = p_D \tag{2.19}$$

点Aでの圧力は，

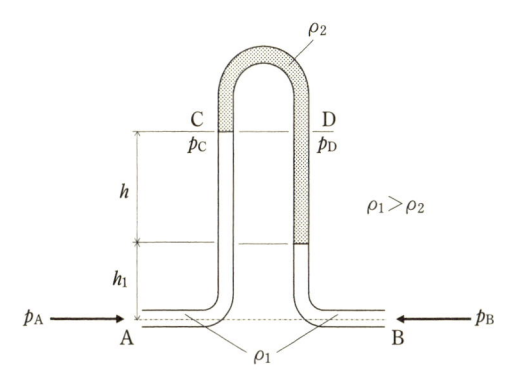

図 2.8　逆U字管圧力計

$$p_A = p_C + \rho_1 g(h+h_1) \tag{2.20}$$

点 B での圧力は，

$$p_B = p_D + \rho_2 gh + \rho_1 g h_1 \tag{2.21}$$

式 (2.20) から $p_C = p_A - \rho_1 g(h+h_1)$，式 (2.21) から $p_D = p_B - \rho_2 gh - \rho_1 g h_1$ となり，これらを式 (2.19) に代入すると，

$$p_A - \rho_1 g(h+h_1) = p_B - \rho_2 gh - \rho_1 g h_1 \tag{2.22}$$

したがって，点 A での圧力は点 B での圧力を用いて，

$$p_A = p_B + \rho_1 gh - \rho_2 gh \tag{2.23}$$

点 A と点 B の圧力差 $p_A - p_B$ は，

$$p_A - p_B = \rho_1 gh - \rho_2 gh \tag{2.24}$$

この式から点 A での圧力 p_A は，基準となる圧力 p_B がわかっていれば液柱高さ h を測れば求められる．特別な例として，ρ_2 の流体が気体のときは液体に対して密度が十分小さい（$\rho_2 \ll \rho_1$）ので式 (2.24) の ρ_2 の項を無視して，

$$p_A - p_B = \rho_1 gh \tag{2.25}$$

この式から $\rho_2 \ll \rho_1$ のとき点 A での圧力 p_A は基準圧力 p_B がわかっていれば液柱高さ h のみの測定から求められる．

[例題 2-3] 液柱圧力計（マノメータ）

図 2.9 のように，容器 A，B が水銀を用いた U 字管マノメータでつながれている．A，B 内の液体の密度がそれぞれ 1000 kg/m³，850 kg/m³，水銀の密度が 13.6×10^3 kg/m³ で，容器 B での圧力が 300 kPa のとき，容器 A での圧力を求めなさい．

（解）

いま，水銀と容器 B の液体との界面を D とし，これと同じ高さの容器 A 側の水銀内での位置を C とすると，液体も水銀も静止しているので C と D の圧力は等しい．C での圧力 p_C を A での圧力 p_A を用いて表すと，

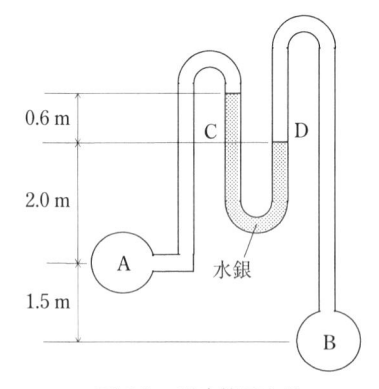

図 2.9　U 字管圧力計

$$p_C = p_A - (2.0 + 0.6)\rho_A g + 0.6\rho_{Hg} g \tag{1}$$

D での圧力 p_D を B での圧力 p_B を用いて表すと，

$$p_D = p_B - (2.0 + 1.5)\rho_B g \tag{2}$$

圧力の釣合いから $p_C = p_D$ なので，

$$\begin{aligned}p_A &= p_B - (2.0 + 1.5)\rho_B g + (2.0 + 0.6)\rho_A g - 0.6\rho_{Hg} g \\ &= 300 \times 10^3 - (2.0 + 1.5) \times 850 \times 9.807 + (2.0 + 0.6) \times 1000 \times 9.807 \\ &\quad - 0.6 \times (13.6 \times 10^3) \times 9.807 = 216.3 \times 10^3 \ [\text{Pa}]\end{aligned} \tag{3}$$

2.4 面に作用する圧力と力

2.4.1 平面壁に作用する力

図 2.10 のように液体が貯められた容器を考える．容器の内壁が角度 θ で水平面に対して傾斜している．いま，面積 A の平面壁全体に加わる力の大きさを求める．

液面下 h の位置での平面壁内側では液体の圧力 $p = p_0 + \rho g h$ が，また，水平面上では大気圧 p_0 が作用している．したがって，液面下 h における微小面積 $\mathrm{d}A$ に作用する圧力による力は，

平面壁内側：$p\,\mathrm{d}A = (p_0 + \rho g h)\,\mathrm{d}A$ \hfill (2.26)

平面壁外側：$p_0\,\mathrm{d}A$ \hfill (2.27)

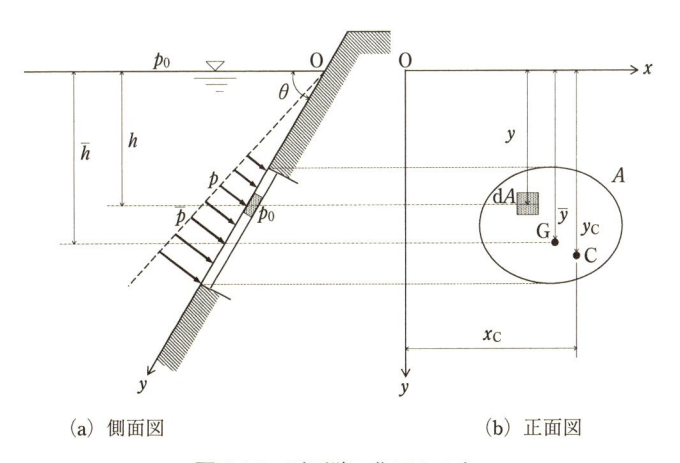

(a) 側面図　　　　　　　　(b) 正面図

図 2.10　平面壁に作用する力

したがって，平面壁に加わる外向きの力は式 (2.26) から式 (2.27) を差し引いて，

$$(p_0 + \rho g h)dA - p_0 dA = \rho g h\, dA = \rho g y \sin\theta\, dA \quad (\because h = y\sin\theta) \qquad (2.28)$$

平面壁全体に加わる力 F は，上式を面積 A にわたって積分して，

$$F = \int_A \rho g y \sin\theta\, dA = \rho g \sin\theta \int_A y\, dA \quad (\because \rho, \theta : \text{一定}) \qquad (2.29)$$

面積 A の平面壁の重心 G と中心軸 Ox との距離は，

$$\bar{y} = \frac{1}{A}\int_A y\, dA \qquad (2.30)$$

となるので，

$$\begin{aligned}F &= \rho g \sin\theta\, \bar{y} A \quad (\because \int_A y\, dA = \bar{y} A)\\ &= \rho g \bar{h} A \quad (\because \bar{h} = \bar{y}\sin\theta)\\ &= \bar{p} A \quad (\because \bar{p} = \rho g \bar{h}) \end{aligned} \qquad (2.31)$$

ここで，$\bar{h}$ は液面から重心 G までの深さ，$\bar{p}$ は重心 G におけるゲージ圧力である．したがって，平面壁全体に加わる力 F は，平面壁の重心に加わるゲージ圧力と平面壁面積 A の積に等しい．

2.4.2 圧力中心

全圧力の作用点を圧力中心 (pressure center) という．圧力中心は必ずしも重心とは一致せず次のようになる．

　　圧力が一様なとき： 　　　（圧力中心）＝（重心）

　　圧力が一様でないとき： 　（圧力中心）≠（重心）

圧力中心の y 座標 y_C を求めてみる（図 2.10）．微小面積 dA に作用する圧力による力は $\rho g y \sin\theta\, dA$ であり，Ox 軸から微小要素 dA までの距離（モーメントアーム）は y なので，全圧力 F の Ox 軸まわりのモーメントは，

$$\int_A y \rho g y \sin\theta\, dA = \rho g \sin\theta \int_A y^2 dA = I_0 \rho g \sin\theta \qquad (2.32)$$

ここで，$I_0 = \int_A y^2 dA$ は面積 A の平面壁の Ox 軸に関する断面二次モーメントである．一方，y_C を用いるとそれは $y_C F$（F の Ox 軸のまわりのモーメント）となり，それを式 (2.32) と等しくおくと，

$$y_C F = I_0 \rho g \sin\theta \tag{2.33}$$

上式から y_C を求め，式 (2.31) を用いると，

$$y_C = \frac{I_0 \rho g \sin\theta}{F} = \frac{I_0 \rho g \sin\theta}{\rho g \sin\theta \, \bar{y} A} = \frac{I_0}{\bar{y} A} \tag{2.34}$$

重心 G を通る軸に関する断面二次モーメント I_G を用いると，Ox 軸まわりの断面二次モーメントは $I_0 = I_G + \bar{y}^2 A$ と表せるので，

$$y_C = \frac{I_G + \bar{y}^2 A}{\bar{y} A} \tag{2.35}$$

重心を通る軸に対する平面壁の断面二次半径 (回転半径) r_G を用いると，重心 G を通る軸に関する断面二次モーメントは $I_G = r_G^2 A$ と表されるので，

$$y_C = \frac{r_G^2 A + \bar{y}^2 A}{\bar{y} A} = \frac{r_G^2}{\bar{y}} + \bar{y} \tag{2.36}$$

上式から，y_C は θ と無関係に重心 G よりも $r_G^2/\bar{y}$ の距離だけ下方にあることがわかる．

次に，圧力中心の x 軸座標 x_C を求める (図 2.10)．微小面積 dA に作用する圧力による力は $\rho g y \sin\theta \, \mathrm{d}A$ であり，Oy 軸から微小要素 dA までの距離 (モーメントアーム) は x なので，全圧力 F の Oy 軸まわりのモーメントは，

$$\int_A x \rho g y \sin\theta \, \mathrm{d}A = \rho g \sin\theta \int_A y x \, \mathrm{d}A \tag{2.37}$$

一方，圧力中心の x 座標 x_C を用いると，

$$x_C F = (F \text{ の } Oy \text{ 軸まわりのモーメント})$$

となり，それを式 (2.37) と等しくおくと，

$$x_C F = \rho g \sin\theta \int_A y x \, \mathrm{d}A \tag{2.38}$$

上式から x_C を求め，式 (2.31) を用いると x_C は，

$$x_C = \frac{\rho g \sin\theta \int_A y x \, \mathrm{d}A}{F} = \frac{\rho g \sin\theta \int_A y x \, \mathrm{d}A}{\rho g \sin\theta \, \bar{y} A} = \frac{1}{\bar{y} A} \int_A y x \, \mathrm{d}A \tag{2.39}$$

上式から，x_C は積 yx の積分を計算しなくてはならないため簡単には求まらないが，一般にみられる左右対称な形状に対しては x_C は対称軸上に存在する．

[例題2-4] 水門に作用する力

図 2.11 のような長さ $l = 3$ m，幅 $b = 4$ m の長方形の水門が，支点を中心として反時計回りに動くようになっている．水が浅いときには水門を抑えている力 $F = 6.0 \times 10^5$ N により水門は閉じており，水が深くなると F よりも水圧による力が上回ることにより，自動的に水門が開く．このとき，水門が開くときの最低の水深 h を求めなさい．ただし，水面は水門よりも上にあるものとする．

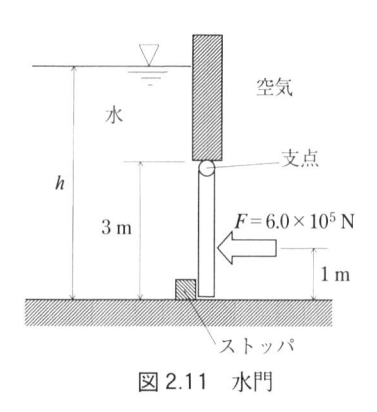

図 2.11 水門

(解)

この場合，水門の重心まわりの慣性モーメントは，

$$I_G = \int y^2 dA = \int_{-l/2}^{l/2} y^2 b\, dy = b\left[\frac{y^3}{3}\right]_{-l/2}^{l/2} = \frac{bl^3}{12} \tag{1}$$

したがって，断面二次半径の2乗 r_G^2 は，

$$r_G^2 = \frac{I_G}{A} = \frac{bl^3}{12}\frac{1}{bl} = \frac{l^2}{12} \tag{2}$$

重心と水面との高さの差 $\bar{y}$ は，$\bar{y} = h - 3/2 = h - 1.5$ なので圧力中心は，

$$y_C = \bar{y} + \frac{r_G^2}{\bar{y}} = h - 1.5 + \frac{l^2/12}{h - 1.5} = h - 1.5 + \frac{3}{4(h - 1.5)} \tag{3}$$

一方，水門の中心に作用する圧力は $\bar{p} = \rho g \bar{y}$ である．力 F よりも水圧による支点まわりのモーメントが大きくなったときに水門が開くことから，

$$\bar{p}A\{y_C - (h - 3.0)\} > F(3.0 - 1.0)$$

上式を整理すると，

$$\bar{p}A\left\{h - 1.5 + \frac{3}{4(h - 1.5)} - (h - 3.0)\right\} > F(3.0 - 1.0)$$

$$\rho g \bar{y}(lb)\left\{1.5 + \frac{3}{4(h - 1.5)}\right\} > 6.0 \times 10^5 (3.0 - 1.0)$$

$$1000 \times 9.807(h-1.5)(3.0 \times 4.0)\left\{1.5+\frac{3}{4(h-1.5)}\right\} > 6.0 \times 10^5 (3.0-1.0)$$

したがって，

$h > 1.5$ [m] または $h > 5.2$ [m] (4)

いま，水面は水門より上にあるので求める h は，

$h > 5.2$ [m] (5)

2.4.3 曲面壁に作用する力

液体中に単位幅（1 m 幅）の曲面壁 PQ があり，この曲面壁上の微小要素 ds に作用する力を考える（図 2.12）．全圧力 F の水平方向成分 F_x は，

$$F_x = \int_P^Q \rho g h \, ds \cdot 1 \cdot \sin\theta = \rho g \int_P^Q h \, ds \sin\theta = \rho g \int_P^Q h \, dh \tag{2.40}$$

したがって，上式は平面壁の場合の式（2.31）と同様となり，作用点 C の求め方も平面壁の場合と同様である．全圧力 F の鉛直方向成分 F_z（下向きを正）は，

$$F_z = \int_P^Q \rho g h \, ds \cdot 1 \cdot \cos\theta = \rho g \int_P^Q h \, ds \cos\theta = \rho g \int_P^Q h \, dx$$

$$= \rho g \times (\text{面積 ABQP}) \tag{2.41}$$

上式から，F_z は曲線 PQ の上にある液体の重量に等しい．これより，結果的に，F_z は重量のみに依存するので，作用点は面 ABQP の重心 G を通ることが

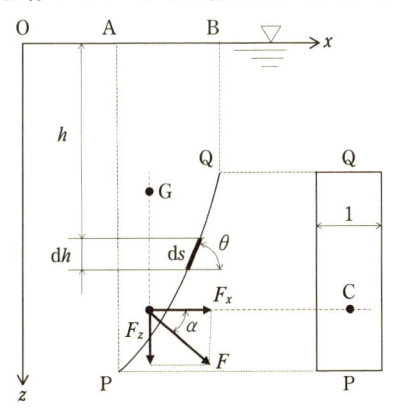

図 2.12 曲面壁に作用する力

わかる．曲面壁に作用する全力 F は水平方向成分 F_x および鉛直方向成分 F_z の合力として，

$$F = \sqrt{F_x^2 + F_z^2} \tag{2.42}$$

また，F が水平面となす角 α は，

$$\alpha = \tan^{-1}\left(\frac{F_z}{F_x}\right) \tag{2.43}$$

2.5 浮力と浮揚体

2.5.1 浮力

静止液体中に浸っている物体が受ける力を考える（図 2.13）．体積 V の物体を貫く微小柱 $\mathrm{d}V$ を考え，これに作用する圧力による力を考える．

$\mathrm{d}V$ の上面および下面に作用する圧力による力はそれぞれ，$p_1 \mathrm{d}A_1$，$p_2 \mathrm{d}A_2$ なので，微小柱 $\mathrm{d}V$ に作用する鉛直方向の力は，

$$(p_1 \mathrm{d}A_1) \cos\alpha = p_1 \mathrm{d}A \quad \text{（下向き）} \tag{2.44}$$
$$(p_2 \mathrm{d}A_2) \cos\beta = p_2 \mathrm{d}A \quad \text{（上向き）} \tag{2.45}$$

微小柱 $\mathrm{d}V$ を上向きに押す圧力による力 $\mathrm{d}F$ は，式 (2.45) から式 (2.44) を差し引くと求まる．

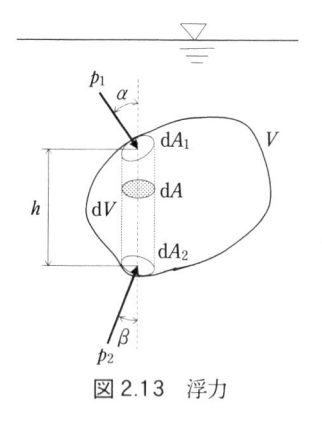

図 2.13 浮力

$$\mathrm{d}F = p_2 \mathrm{d}A - p_1 \mathrm{d}A = (p_2 - p_1) \mathrm{d}A \tag{2.46}$$

物体の部分を静止液体と置き換えて考えても $\mathrm{d}F$ は同じなので，体積 $\mathrm{d}V$ の液体の重量と式 (2.46) の力 $\mathrm{d}F$ が釣り合わなければならない．

$$\mathrm{d}F = (p_2 - p_1) \mathrm{d}A = \rho g h \mathrm{d}A = \rho g \mathrm{d}V \quad (\because \mathrm{d}V = h \mathrm{d}A) \tag{2.47}$$

上式を全体積 V にわたって積分すると，物体全体に働く上向きの力 F が求まる．

$$F = \int_V \mathrm{d}F = \int_V \rho g \mathrm{d}V = \rho g V \tag{2.48}$$

これより物体に作用する上向きの力 F は物体が排除した体積に働く液体

の重量に等しくなるのがわかる．これをアルキメデスの原理（Archimedes' principle）という．この流体に浸っている物体に作用する上向きの力を浮力（buoyancy）という．

2.5.2 浮揚体

浮力によって液面上に浮かぶ物体を浮揚体（floating body）という（図 2.14）．浮力の中心（center of buoyancy）を C，浮揚体の重心を G とすると，浮揚体が静止状態では C と G が同一の鉛直線上にあり，これを浮揚軸（axis of floatation）という．また，浮揚体内の水面と同じ高さの面を浮揚面（floating surface），浮揚面から浮揚体最下部までの高さを喫水（draft）という．浮揚体が傾くと，浮力の中心は新たな浮力の中心 C′ に移動する（図 2.15）．この C′ を通る鉛直線と浮揚軸との交点 M をメタセンタ（metacenter）といい，重心とメタセンタとの距離 $\overline{GM}$ をメタセンタ高さ（meta-centeric height）という．

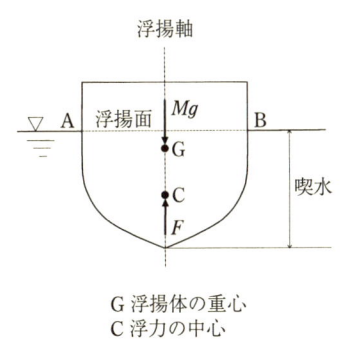

G 浮揚体の重心
C 浮力の中心

図 2.14 浮揚体に作用する力

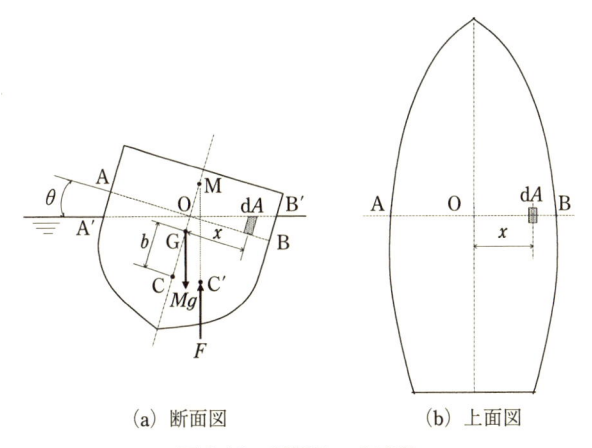

(a) 断面図　　(b) 上面図

図 2.15 浮揚体の安定性

質量 M の浮揚体が静止しているとき,浮力 F と重量 Mg は釣り合っているので次式が成り立つ.

$$F = \rho g V = Mg \tag{2.49}$$

浮揚体が微小角度 θ 傾くと,浮力 F と重力 Mg の作用する軸が異なるため偶力が作用し回転モーメント T が発生する.

$$\begin{aligned}T &= F \cdot \overline{GM} \sin\theta = Mg \cdot \overline{GM} \sin\theta \\ &\fallingdotseq Mg\,\overline{GM}\,\theta \quad (\because \theta\text{ が微小のとき},\ \sin\theta \fallingdotseq \theta)\end{aligned} \tag{2.50}$$

偶力による浮揚体の挙動は,$\overline{GM}$ の正負により次のように異なる.

$\overline{GM} > 0$:安定(stable),もとに戻ろうとする

$\overline{GM} = 0$:中立(neutral),傾いたまま

$\overline{GM} < 0$:不安定(unstable),ますます傾く

つぎに,メタセンタ高さ $\overline{GM}$ を求める.浮揚体が傾くと OAA' の体積分だけ浮力が減少し,OBB' の分だけ浮力が増加する.これにより偶力が発生する.いま,浮揚体の微小面積 $\mathrm{d}A$ に働く浮力によるモーメントを考える.浮揚体の傾き角度 θ を微小とすると,傾きによって増減した微小部分の体積は $x\theta\,\mathrm{d}A$ となり $\mathrm{d}A$ 部分に発生する浮力は $\rho g x \theta\,\mathrm{d}A$ となる.モーメントアームは x なので,浮力による O 軸まわりのモーメントは次のようになる.

$$\rho g x \theta\,\mathrm{d}A \cdot x \tag{2.51}$$

浮揚体全体にわたる浮力の増減による全モーメント m は上式を積分して,

$$m = \int_A \rho g x \theta\,\mathrm{d}A \cdot x = \rho g \theta \int_A x^2\,\mathrm{d}A = \rho g \theta I \tag{2.52}$$

ここで,$I = \int_A x^2\,\mathrm{d}A$ は浮揚面の断面二次モーメントである.浮揚体の傾きによって発生するモーメントは偶力なので,どの点まわりにとっても同様となる.したがって,式 (2.52) で得られたモーメント m は,点 C まわりの浮力 F によるモーメン $F \cdot \overline{CC'}$ に等しい.

$$\begin{aligned}m &= F \cdot \overline{CC'} = \rho g V \cdot (\overline{GM} + \overline{CG}) \sin\theta \fallingdotseq \rho g V (\overline{GM} + \overline{CG}) \theta \\ &= \rho g V (\overline{GM} + b) \theta\end{aligned} \tag{2.53}$$

ここで,$b \equiv \overline{CG}$ である.これと式 (2.52) を等しくおくとメタセンタ高さ $\overline{GM}$ が求まる.

$$\rho g \theta I = \rho g V (\overline{GM} + b) \theta \quad \therefore\ \overline{GM} = \frac{I}{V} - b \tag{2.54}$$

$\overline{GM}$ の具体例としては，帆船で1.0～1.4 m，軍艦で0.8～1.2 m，商船で0.3～0.7m 程度であり $\overline{GM}$ が大きいほど復元力は大きくなるが，それとともに揺れも大きくなる．

第2章の演習問題

(2-1)
油圧シリンダのピストンの直径が20 mm で圧力が10 MPa のとき，ピストンに発生する力を求めなさい．

(2-2)
標準大気圧下でゲージ圧力が－190 mmHg を示しているとき，絶対圧力を単位 [mmHg] と [kPa] で示しなさい．

(2-3)
密度800 kg/m^3 の油を入れられた逆U字管マノメータが水が流れている水平管路に導かれており，読みが400 mm であるとき，管路断面間の圧力差（圧力降下）を求めなさい．

(2-4)
図2.16のように半径1 m，幅4 m の円弧形ゲートが水面下に30°の角度で水をせき止めている．ゲートに作用する力の大きさと向きを求めなさい．ただし，ゲートの支点 O は水面と同じ高さにある．

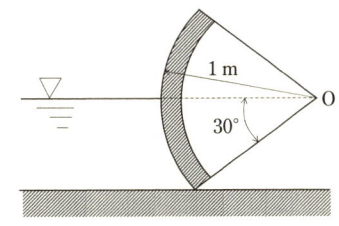

図2.16　円弧形ゲート

(2-5)
比重0.7，直径200 mm の円筒形物体が水面に立って浮かんでいる．このとき安定に浮かんでいるための円筒の長さを求めなさい．

第3章 流れの基礎

　流体の運動は，流体分子の運動というよりも，ある程度の大きさをもった連続体としての流体塊の運動として表現される．このとき一般の力学と同様に，流体の運動も流体に作用する力と加速度から得られる運動方程式によって導かれる．また，流体の運動についても質量保存則，運動量保存則およびエネルギー保存則が成り立ち，これらの法則を利用することにより流体に作用する物理量を求めることができる．

　本章では，容器内またはその周りを移動する流体すなわち流れの挙動（速度や圧力の変化）について述べる．

3.1　流体の流れ

　実際に存在する流体（実在流体，real fluid）には粘性があり，それによって流体が固体壁へ付着したりせん断応力が発生したりする．一方，粘性を無視した数学的解析が容易な理想流体（ideal fluid）によって，多くの流体力学の理論が成り立っている．理想流体は非粘性であるため，固体壁面上でも流体は速度をもつ（すべることが仮定される）．しかし，水や空気など工学的に多く見られる流れ場では，流体の粘性に対する慣性の効果（レイノルズ数，3.2節）が大きく，したがって粘性の影響が相対的に小さくなり，理想流体として扱ってもよい場合が多い．

3.2　層流と乱流

　レイノルズ（Reynolds）は滑らかな直管内を流れる水に染料を注入して，染料の広がる様子を観察した（図3.1）．その結果，水の流れが遅い場合にはノズルから出た染料は下流まで広がらずに層状に流れ，水の流れをやや速くするとノズルの少し下流までは染料は広がらないがある地点で急激に染料が拡散するのが観察された．さらに水の速度を増すと，ノズル直後で染料が管全体に広がるのが観察された．これらの現象は，次のように説明される．水の速度が小さく染料が直線的に流れている状態では，水の粒子の乱れが小さく各々独立して

(a) 流速 11 cm/s, $Re = 1.5 \times 10^3$, 層流

(b) 流速 17 cm/s, $Re = 2.34 \times 10^3$, 遷移

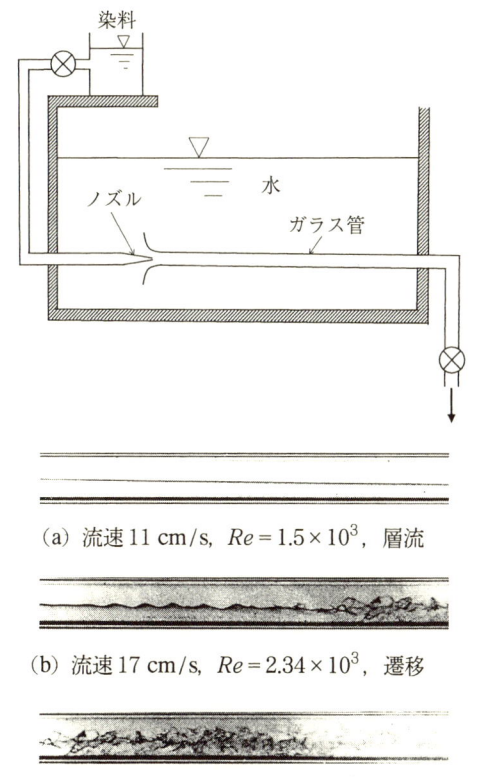

(c) 流速 54 cm/s, $Re = 7.5 \times 10^3$, 乱流
円管内の流れ（円直径 14 mm, 染料注入. 流脈法）[9]

図 3.1　レイノルズの実験

層状に流れるため，染料と水が混合されない．このような流れを層流（laminar flow）という．一方，速度が増して染料が管全体に広がる状態では，水の粒子が上下，前後，左右に不規則に乱れて運動するために注入された染料との混合が行われそれによって染料が管全体に拡散する．このような流れを乱流（turbulent flow）という．

レイノルズは種々の直径の管と流体を用いて流れを観察した結果，流れが層流になるか乱流になるかは，管内径 d，流速 V，動粘度 ν に依存し次のレイノルズ数 Re（Reynolds number）によって決まることを発見した．

$$Re = \frac{Vd}{\nu} \tag{3.1}$$

円管内の流れは $Re \fallingdotseq 2300$ を境に層流から乱流に移り変わる．このレイノルズ数を臨界レイノルズ数（critical Reynolds number）といい，移り変わる状態を遷移（transition）という．

$$\left.\begin{array}{l} Re > 2300 \quad 乱流 \\ Re \fallingdotseq 2300 \quad 遷移 \\ Re < 2300 \quad 層流 \end{array}\right\} \tag{3.2}$$

層流と乱流では流れの状態そのものも変化する（5.2節，参照）．層流では流れが層状になることにより管内の速度分布は放物線形になり，乱流では流れの特に半径方向への混合により管中心部が比較的平らな速度分布形となる（図3.2）．

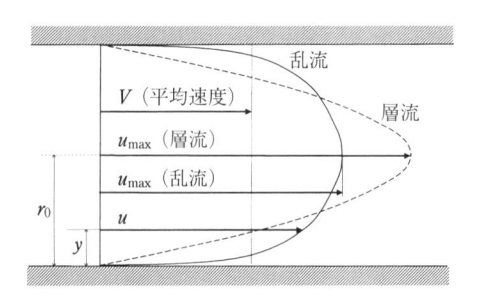

図3.2 円管内の層流と乱流の速度分布

3.3 定常流と非定常流

一般に，流れの状態，例えば速度，圧力などは時間によって，また，場所によって変化する．流れの状態が時間的に変化しない流れを定常流（steady flow）といい，時間的に変化する流れを非定常流（unsteady flow）という．間違いやすい例として，管内流れにおいて流れ方向に管径が変化する場合がある．すなわち，管径が小さい場所では流れが速く管径が大きい場所では流れが遅くなるが，このように場所によって速度が異なっても時間的に変化しない流れは定常流である．

3.4 流線と流管

流れの速度ベクトルに接する曲線を流線（stream line）という．また，ある1点を次々と通過していく粒子の位置をある瞬間に結んだ線を流脈線（streak line）といい，例えば線香の煙はそれに当たる．また，ある一つの流体粒子が通った軌跡を流跡線（path line）という．定常流では，流線，流脈線および流跡線は等しくなるが，非定常流では一般に等しくならない．図3.3に流線，流脈線および流跡線を示す．

また，図3.4に示すように流線で囲まれる管を流管（stream tube）という．

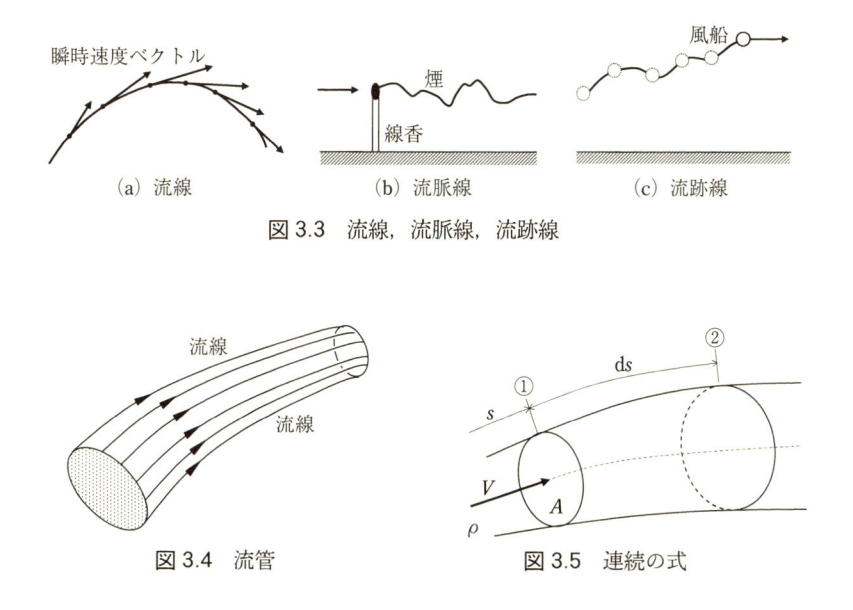

(a) 流線　　(b) 流脈線　　(c) 流跡線

図3.3　流線，流脈線，流跡線

図3.4　流管　　図3.5　連続の式

3.5 連続の式

図3.5のような管内の一次元流れを考える．一次元流れは，速度や圧力が管に沿う座標だけの関数となる．いま，管軸に沿う座標 s 上の微小距離 ds の要素を考え，断面①での断面積を A，速度を V，密度を ρ とする．

3.5.1 定常流の連続の式

単位時間（例えば，1秒間）に断面①を通過する流体の質量はρAVで，距離 ds 離れた断面②まで流体が移動すると流体の質量は$\rho AV + [\mathrm{d}(\rho AV)/\mathrm{d}s]\mathrm{d}s$となる（7.2節，参照）．定常流の場合，断面①と②を通過する流体の質量は等しいので ds 間の変化は，

$$\frac{\mathrm{d}(\rho AV)}{\mathrm{d}s} = 0 \tag{3.3}$$

これを s について積分すると，定常一次元流の連続の式（equation of continuity）が次のように得られる．

$$\rho AV = 一定 \tag{3.4}$$

非圧縮性流体（ρ＝一定）の場合，定常一次元非圧縮流の連続の式は次式で与えられる．

$$AV = 一定 \tag{3.5}$$

ρAV は単位面積を通過する流体の質量を表し質量流量（mass flow rate），AV は単位面積を通過する流体の体積を表し体積流量（volumetric flow rate）という．連続の式は，流れの質量保存則に相当する．

3.5.2 非定常流の連続の式

非定常流の場合，A, V, ρ は座標 s と時刻 t の関数となる．単位時間に断面①を通過する流体の質量はρAVで，微小距離 ds 離れた断面②まで流体が移動すると流体の質量は$\rho AV + \partial(\rho AV)/\partial s$ となる．断面①と②の間に含まれる流体の質量は $\rho A\,\mathrm{d}s$ なので，時間によって変化する断面①と②の間の流体質量は$\partial(\rho A\,\mathrm{d}s)/\partial t$ となる．ここで，質量の増加方向を，つまり圧縮を正とする．時刻 t と位置 s は独立であるので，

$$\frac{\partial(\rho A\,\mathrm{d}s)}{\partial t} = \frac{\partial(\rho A)}{\partial t}\mathrm{d}s \tag{3.6}$$

質量保存則を考えると，流入質量は圧縮による増加質量に流出質量を加えたものに等しい．したがって，

$$\rho AV = \frac{\partial(\rho A)}{\partial t}\mathrm{d}s + \rho AV + \frac{\partial(\rho AV)}{\partial s}\mathrm{d}s$$

$$\therefore \frac{\partial(\rho A)}{\partial t} + \frac{\partial(\rho AV)}{\partial s} = 0 \tag{3.7}$$

上式が,非定常一次元流の連続の式である.

3.6 ベルヌーイの定理と応用

理想流体（第7章,参照）を仮定すると,流体の流れにおいてもエネルギー保存則,いわゆるベルヌーイの定理が成立する.ここで,流体のエネルギー保存則とその応用について考えてみる.

3.6.1 ベルヌーイの定理

いま,流線 s 上に断面積 $\mathrm{d}A$,長さ $\mathrm{d}s$ の微小要素（図3.6）をとり,それに作用する力の釣合いを考える.微小要素の左と右の面には圧力による力 $p\,\mathrm{d}A$ と $[p+(\partial p/\partial s)\mathrm{d}s]\mathrm{d}A$ が,また要素には重力による力 $\rho g\,\mathrm{d}A\,\mathrm{d}s$ が作用する.したがって,微小要素には圧力差による力と重力加速度（g）による力の流線方向成分が作用するので運動方程式は,

$$\rho\,\mathrm{d}A\,\mathrm{d}s\left(\frac{\mathrm{d}V}{\mathrm{d}t}\right) = -\mathrm{d}A\left(\frac{\partial p}{\partial s}\right)\mathrm{d}s - \rho g\,\mathrm{d}A\,\mathrm{d}s\cdot\cos\theta$$

$$\therefore \frac{\mathrm{d}V}{\mathrm{d}t} = -\frac{1}{\rho}\left(\frac{\partial p}{\partial s}\right) - g\cos\theta \tag{3.8}$$

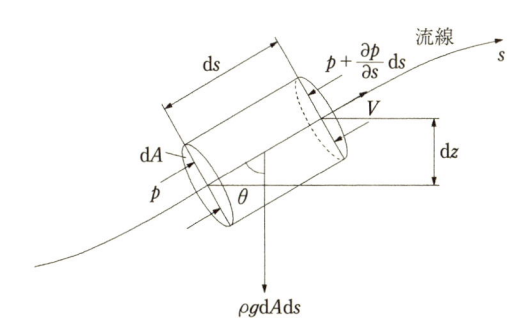

図3.6 流線上の流体要素にかかる力

いま，速度 V は位置 s と時間 t の関数なので，$dV = (\partial V/\partial t)dt + (\partial V/\partial s)ds$ となり，したがって，

$$\frac{dV}{dt} = \frac{\partial V}{\partial t} + \left(\frac{\partial V}{\partial s}\right)\left(\frac{ds}{dt}\right) = \frac{\partial V}{\partial t} + \left(\frac{\partial V}{\partial s}\right)V \tag{3.9}$$

式 (3.8) は式 (3.9) を使って，

$$-\frac{1}{\rho}\left(\frac{\partial p}{\partial s}\right) - g\cos\theta = \frac{\partial V}{\partial t} + \left(\frac{\partial V}{\partial s}\right)V$$

また，$\cos\theta = dz/ds$（図 3.6）なので，一次元流に対して，

$$\frac{\partial V}{\partial t} + V\left(\frac{\partial V}{\partial s}\right) = -\frac{1}{\rho}\left(\frac{dp}{ds}\right) - g\frac{dz}{ds} \tag{3.10}$$

定常流では，

$$V\frac{\partial V}{\partial s} = -\frac{1}{\rho}\left(\frac{dp}{ds}\right) - g\frac{dz}{ds} \tag{3.11}$$

これは，一次元の理想流体に対するオイラーの運動方程式（Eulerian equation of motion, 7.3節，参照）である．

式 (3.11) を s について積分すると，

$$\frac{V^2}{2} + \int_s\left(\frac{dp}{\rho}\right) + gz = \text{一定} \tag{3.12}$$

非圧縮性流体では，次式となる．

$$\frac{V^2}{2} + \frac{p}{\rho} + gz = \text{一定} \tag{3.13}$$

上式が流体のエネルギー保存則（ベルヌーイの定理，Bernoulli's theorem）で，流れ場の任意の位置での流体の単位質量当たりの運動，圧力および位置エネルギー（それぞれ，左辺の第1～3項）の和が一定であることを示す．

式 (3.13) を重力加速度 g で除すると次式が得られる．

$$\frac{V^2}{2g} + \frac{p}{\rho g} + z = H(\text{一定}) \tag{3.14}$$

上式の各項は，高さの次元 [m] を持つことになる．このようにエネルギーを高さの次元で表示したものをヘッド（水頭）という．式 (3.14) はヘッド表示をしたベルヌーイの式であり，各項は，$V^2/2g$ を速度ヘッド（velocity head），

$p/\rho g$ を圧力ヘッド (pressure head), z を位置ヘッド (potential head), H を全ヘッド (total head) という.

ベルヌーイの式は, 運動している流体のエネルギー保存則なので流線に沿って成り立つ. 異なる流線上の流体では, ベルヌーイの式は必ずしも成り立たないことに注意を要する.

気体の場合には密度が非常に小さいため, ベルヌーイの式 (3.14) の位置エネルギーを無視してもよい. したがって,

$$\frac{V^2}{2} + \frac{p}{\rho} = 一定 \tag{3.15}$$

上式に ρ を乗じ, 得られる右辺の一定値を p_0 とおくと,

$$\frac{\rho V^2}{2} + p = p_0 \tag{3.16}$$

上式の各項は圧力の次元 [Pa] をもつことになる. 式 (3.16) の $\rho V^2/2$ を動圧 (dynamic pressure), p を静圧 (static pressure), p_0 を全圧 (total pressure) という. 動圧は運動エネルギーを圧力に換算したものである. 静圧は流体が存在する場の圧力であり, 例えば図 3.7 のように管路壁に垂直に小孔を開けると, 小孔内の流体には流線がつながっておらず小孔内では流れがないために静圧 p のみが小孔から伝播し p が測定できる.

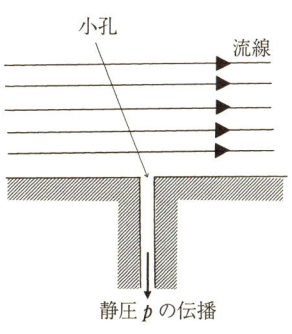

図 3.7 静圧の測定

3.6.2 小孔からの流出

液体が満たされている容器に小さい孔が開けられており, そこから液体が大気中へ噴出している状態を考える (図 3.8). 液面 A と小孔 B との高さの差によって小孔から流体が噴出する (噴流, jet) と考えられるが, 液面の高さも次第に降下する. したがって, 液面 A から小孔 B まで流線がつながっていると考える. いま, 基準面からの液面 A と小孔 B の高さを z_1 および z_2, 液面 A と小孔 B での圧力を p_1 および p_2, 液面の降下速度を V_1, 噴流の速度を V_2 とする

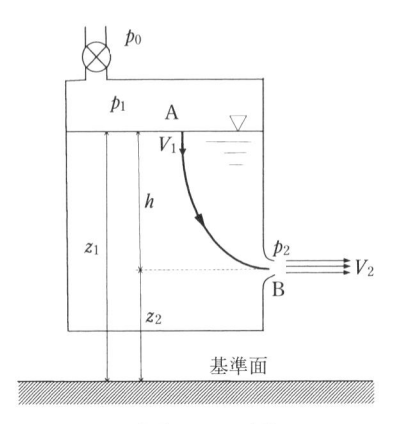

図3.8 小孔からの噴流

と，流線ABに沿ったベルヌーイの式は，

$$\frac{V_1^2}{2}+\frac{p_1}{\rho}+gz_1=\frac{V_2^2}{2}+\frac{p_2}{\rho}+gz_2 \tag{3.17}$$

ここで，左辺は液面Aにおけるエネルギー，右辺は小孔Bにおけるエネルギーであり，AとBにおけるエネルギーが保存される．液面と小孔との高さの差を $z_1-z_2=h$ とおくと，

$$\frac{V_1^2}{2}+\frac{p_1}{\rho}+gh=\frac{V_2^2}{2}+\frac{p_2}{\rho} \tag{3.18}$$

V_2 について解くと，

$$V_2=\sqrt{\frac{2(p_1-p_2)}{\rho}+V_1^2+2gh} \tag{3.19}$$

小孔の断面積に対して，容器の断面積が十分大きいときには液面の降下速度は非常に小さく $V_1≒0$ となるので，

$$V_2=\sqrt{\frac{2(p_1-p_2)}{\rho}+2gh} \tag{3.20}$$

容器上端の弁が開放されていると液面Aでの圧力も小孔Bでの圧力も大気圧となり $p_1=p_2$ なので，

$$V_2=\sqrt{2gh} \tag{3.21}$$

これを，トリチェリの定理（Torricelli's theorem）という．これは，質点の運

動における位置エネルギーが速度エネルギーに変わるときに得られる式と同様となる.

3.6.3 ピトー管

管の先端Aから圧力を導き,一方,管の側面Bにも孔を開け圧力を導くことによって,流体の速度の測定を行う装置をピトー管(Pitot tube)という(図3.9). ピトー管で流れの速度を測定する原理を以下に示す. 十分上流での流体の状態は一様で速度をV, 圧力をp, 任意の基準面からの高さをzとすると, 点Aでは流体はピトー管先端に衝突して静止し, 点Bでは流体は速度Vで管側壁に沿って流れる. いま, 流線のつながっている流体間で次の二つのベルヌーイの式をたてることができる.

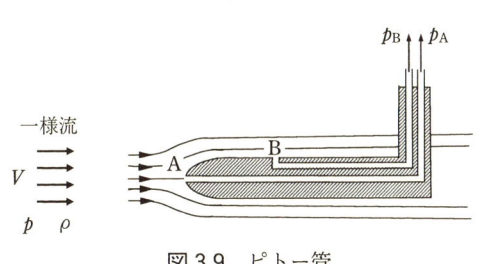

図3.9 ピトー管

十分上流と点Aの間の流線:
$$\frac{V^2}{2} + \frac{p}{\rho} + gz = \frac{V_A^2}{2} + \frac{p_A}{\rho} + gz_A \tag{3.22}$$

十分上流と点Bの間の流線:
$$\frac{V^2}{2} + \frac{p}{\rho} + gz = \frac{V_B^2}{2} + \frac{p_B}{\rho} + gz_B \tag{3.23}$$

式(3.22), (3.23)から,

$$\frac{V_A^2}{2} + \frac{p_A}{\rho} + gz_A = \frac{V_B^2}{2} + \frac{p_B}{\rho} + gz_B \tag{3.24}$$

点Aでは流体はピトー管先端に衝突して静止する($V_A = 0$)ので,

$$\frac{p_A}{\rho} + gz_A = \frac{V_B^2}{2} + \frac{p_B}{\rho} + gz_B \tag{3.25}$$

ピトー管は流れに外乱を与えないように十分小さく製作されているので点Bで管側壁に沿って流れる速度V_Bは一様流の速度に等しく$V_B = V$, 点Aでの高さと点Bでの高さの差は非常に小さく$z_A = z_B$となるので上式は,

$$\frac{p_A}{\rho} = \frac{V^2}{2} + \frac{p_B} {\rho} \quad \therefore V = \sqrt{\frac{2}{\rho}(p_A - p_B)} \tag{3.26}$$

このように，ピトー管を用いると点 A と B の圧力差から速度を求めることができる．

3.6.4 ベンチュリ管

　管の一部をなめらかに狭めることにより，広い部分と狭められた部分との圧力差から流量を測定する装置をベンチュリ管（Venturi tube）という（図 3.10）．いま，ベンチュリ管が水平面内に設置されており，断面 ① と ② の高さの差が無視できるとき，断面 ① と ② における速度

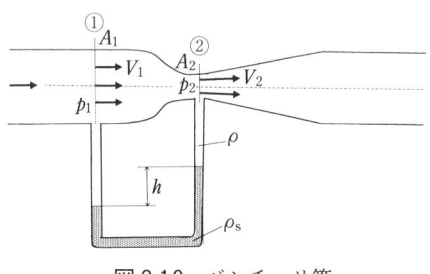

図 3.10　ベンチュリ管

V_1, V_2 および圧力 p_1, p_2 を用いるとベルヌーイの式は，

$$\frac{V_1^2}{2} + \frac{p_1}{\rho} = \frac{V_2^2}{2} + \frac{p_2}{\rho} \tag{3.27}$$

一方，断面 ① と ② における面積 A_1, A_2 を用いると連続の式は，

$$A_1 V_1 = A_2 V_2 \tag{3.28}$$

この V_1 を式 (3.27) へ代入して V_1 を消去すると，

$$\frac{1}{2}\left(\frac{A_2}{A_1}\right)^2 V_2^2 + \frac{p_1}{\rho} = \frac{V_2^2}{2} + \frac{p_2}{\rho} \quad \therefore V_2 = \frac{1}{\sqrt{1-\left(\frac{A_2}{A_1}\right)^2}} \sqrt{\frac{2}{\rho}(p_1 - p_2)} \tag{3.29}$$

いま，流量 Q は面を垂直に通過する流れの体積量で，

$$Q = A_2 V_2 = \frac{A_2}{\sqrt{1-\left(\frac{A_2}{A_1}\right)^2}} \sqrt{\frac{2}{\rho}(p_1 - p_2)} \tag{3.30}$$

マノメータを用いて断面 ① と ② の静圧を導きその読みが h であるとき，

$$p_1 - p_2 = (\rho_s - \rho) g h \tag{3.31}$$

ここで，ρ_s はマノメータの液体の密度である．上式を式 (3.30) へ代入して圧

力差 (p_1-p_2) を読み h で表すと，

$$Q = \frac{A_2}{\sqrt{1-\left(\frac{A_2}{A_1}\right)^2}}\sqrt{\frac{2gh}{\rho}(\rho_s-\rho)} = \frac{A_2}{\sqrt{1-\left(\frac{A_2}{A_1}\right)^2}}\sqrt{2gh\left(\frac{\rho_s}{\rho}-1\right)}$$

(3.32)

このように，ベンチュリ管の断面①と②の圧力差から流量を求めることができる．

［例題3-1］狭まり鉛直管内の流れの速度の変化

図3.11のように密度 $\rho = 1000 \text{ kg/m}^3$ の水が鉛直管を下から上に流れている．断面①と②の部分の直径がそれぞれ0.4 m，0.2 m，それらの高さの差が1.0 m で水銀マノメータの読みが0.3 m のとき，管を通過する水の流量 Q を求めなさい．ただし，水銀の密度は $\rho_{Hg} = 13.6 \times 10^3 \text{ kg/m}^3$ とする．

（解）

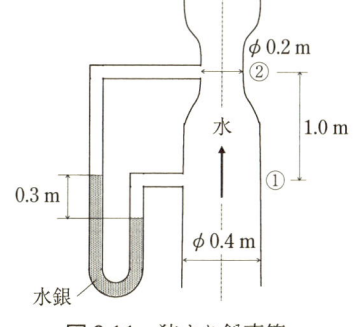

図3.11 狭まり鉛直管

この場合，断面①と②での速度をそれぞれ V_1, V_2 とすると連続の式は，

$$\frac{\pi}{4}d_1^2 V_1 = \frac{\pi}{4}d_2^2 V_2 \quad \therefore V_2 = \left(\frac{d_1}{d_2}\right)^2 V_1 = \left(\frac{0.4}{0.2}\right)^2 V_1 = 4V_1 \quad (1)$$

断面①と②との間でベルヌーイの式をたてると，

$$\frac{V_1^2}{2g}+\frac{p_1}{\rho g}+z_1 = \frac{V_2^2}{2g}+\frac{p_2}{\rho g}+z_2 \quad \therefore \frac{p_1-p_2}{\rho g} = \frac{V_2^2-V_1^2}{2g}+(z_2-z_1) \quad (2)$$

一方，圧力差 (p_1-p_2) を水銀マノメータの読み $h (= 0.3 \text{ m})$ で表すと，

$$p_1-p_2 = \rho g(z_2-z_1)+(\rho_{Hg}-\rho)gh$$

$$\frac{p_1-p_2}{\rho g} = (z_2-z_1)+\left(\frac{\rho_{Hg}}{\rho}-1\right)h \quad (3)$$

式(3)を式(2)へ代入して，

$$\left(\frac{\rho_{\text{Hg}}}{\rho} - 1\right) h = \frac{V_2^2 - V_1^2}{2g} \tag{4}$$

式 (1) を上式に代入して，

$$\left(\frac{\rho_{\text{Hg}}}{\rho} - 1\right) h = \frac{(4V_1)^2 - V_1^2}{2g} = \frac{15 V_1^2}{2g}$$

$$V_1 = \sqrt{\frac{2g}{15}\left(\frac{\rho_{\text{Hg}}}{\rho} - 1\right) h} = \sqrt{\frac{2 \times 9.807}{15}\left(\frac{13.6 \times 10^3}{1000} - 1\right) \times 0.3}$$

$$= 2.222 \ [\text{m/s}] \tag{5}$$

したがって，流量は

$$Q = \frac{\pi}{4} d_1^2 V_1 = \frac{\pi}{4} \times 0.4^2 \times 2.222 = 0.2792 \ [\text{m}^3/\text{s}] \tag{6}$$

3.7 回転運動

流体は，図 3.12 に示すように並進移動 (translation)，回転 (rotation)，変形 (deformation) の三つの運動の組合せにより運動する (7.1.2 項，参照)．いま，微小流体塊に矢印のマークを描いて流体の運動に伴うマークの変化を観察する

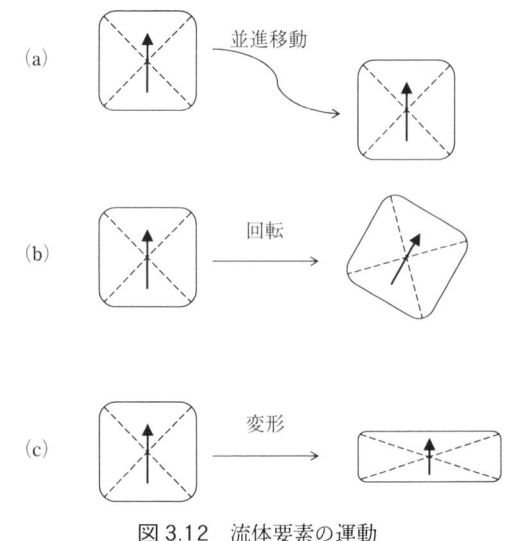

図 3.12 流体要素の運動

と，並進移動の際にはマークの向きは変わらないが，回転の場合にはマークの向きが変化する．また，変形の場合にもマークの向きは変化しない．このように，微小流体塊の運動が並進移動と変形のみの場合には流れは回転しない流れすなわち非回転の流れとなり，これは渦なし流れ（irrotational flow）またはポテンシャル流れ（potential flow）といわれる（第7章，参照）．一方，微小流体塊が回転する流れを渦のある流れ（rotational flow）という．渦のある流れの例として空間的に速度勾配のある流れ（せん断流れ，shear flow）の場合には，並進移動とともに隣り合う微小流体塊の速度差や乱れによる混合によって回転と変形が発生することになる（図3.13）．

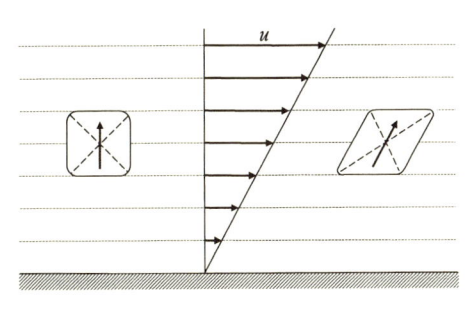

図3.13 せん断流中の流体要素の運動

いま，定常回転している流体に働く力を考える．図3.14に示すように長方形断面の細い円環状の流管を考え，流線方向の長さ ds，幅 dr，高さ dz の微小流体要素を考える．円周方向速度を u，微小流体要素における圧力を p，全圧を p_0 として，流線に沿ってベルヌーイの式をたてると，

$$\frac{\rho}{2}u^2 + p = p_0 \tag{3.33}$$

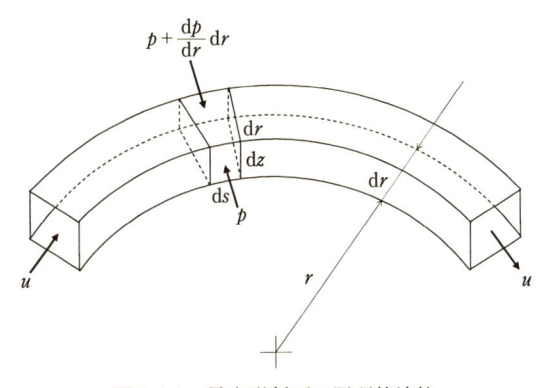

図3.14 長方形断面の円環状流管

ここで，全圧 p_0 は同一流線で一定値であるが，流線が異なると（つまり半径位置が異なると）値が異なる．上式を r で微分すると，

$$\frac{\rho}{2} \cdot 2u \cdot \frac{du}{dr} + \frac{dp}{dr} = \frac{dp_0}{dr} \quad \therefore \quad \frac{dp_0}{dr} = \rho u \frac{du}{dr} + \frac{dp}{dr} \tag{3.34}$$

流体が回転しているので，半径方向の力は平衡している．微小流体要素にかかる遠心力は $\rho\, dr\, dz\, ds\, \dfrac{u^2}{r}$ で，その側面積 $dz\, ds$ に作用する圧力による正味の力は $\dfrac{dp}{dr} dr\, dz\, ds$ となる．いま，遠心力と圧力による正味の力が釣り合っているとすると，

$$\rho\, dr\, dz\, ds\, \frac{u^2}{r} = \frac{dp}{dr} dr\, dz\, ds \quad \therefore \quad \frac{dp}{dr} = \rho \frac{u^2}{r} \tag{3.35}$$

式 (3.35) を式 (3.34) へ代入して，

$$\frac{dp_0}{dr} = \rho u \frac{du}{dr} + \rho \frac{u^2}{r} = \rho \left(u \frac{du}{dr} + \frac{u^2}{r} \right) \tag{3.36}$$

上式は，回転している流体に対して成り立つ式である．

3.7.1 強制渦

図 3.15 に示すように，円周速度 u が半径 r に比例している渦を強制渦 (forced vortex) という．

$$u = r\omega \tag{3.37}$$

ここで，ω は回転角速度 [rad/s] である．

上式を式 (3.36) に代入して，

$$\frac{dp_0}{dr} = \rho \left\{ r\omega \frac{d(r\omega)}{dr} + \frac{(r\omega)^2}{r} \right\} = \rho \left(r\omega \cdot \omega + \frac{r^2 \omega^2}{r} \right) = 2\rho r \omega^2 \tag{3.38}$$

これを r で積分すると，

$$\int \frac{dp_0}{dr} dr = \int 2\rho r \omega^2 dr \quad \therefore \quad p_0 = 2\rho \omega^2 \frac{r^2}{2} + C \tag{3.39}$$

渦中心 $r=0$ で $p_0=0$ とおくと積分定数は $C=0$ となるので，

$$p_0 = \rho r^2 \omega^2 = \rho u^2 \quad (\because\ u = r\omega) \tag{3.40}$$

しかし，一般に全圧 p_0，静圧 p，動圧 $\rho u^2/2$ の関係は (3.6.1 項，参照)，

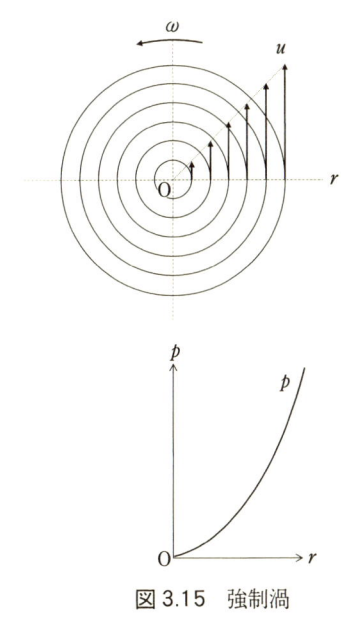

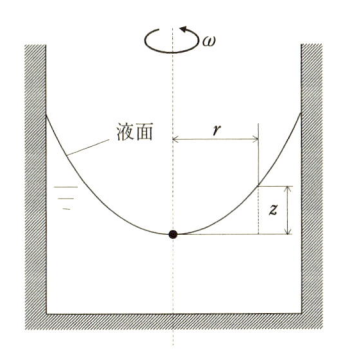

図 3.15　強制渦　　　　図 3.16　強制渦の水面高さ

$$p_0 = \frac{\rho}{2}u^2 + p \tag{3.41}$$

なので，これと式 (3.40) を等しくおくと，

$$\rho u^2 = \frac{\rho}{2}u^2 + p \quad \therefore p = \frac{\rho}{2}u^2 = \frac{\rho}{2}r^2\omega^2 \tag{3.42}$$

上式は，静圧が動圧と等しくなることを示している．

いま，回転する容器内の液面の挙動について考える (図 3.16)．すなわち，強制渦が自由表面をもつとき，回転による液面の上昇を考える．液面高さが $r=0$ で $z=0$ とすると，半径 r の位置での圧力 p は式 (3.42) より，

$$p = \frac{\rho}{2}r^2\omega^2 \tag{3.43}$$

この位置の液面の高さ z は，

$$z = \frac{p}{\rho g} = \frac{1}{\rho g}\left(\frac{\rho}{2}r^2\omega^2\right) = \frac{r^2\omega^2}{2g} \tag{3.44}$$

3.7.2 自由渦

円周速度 u が半径 r に反比例している渦を自由渦 (free vortex) という (図 3.17).

$$u = \frac{k}{r} \quad (k:一定) \tag{3.45}$$

回転における回転方向への流れの強さを次式で定義する循環 Γ (7.4 節, 参照) で表す.

$$\Gamma = 2\pi r u \tag{3.46}$$

上式からわかるように円周速度 u, および回転半径 r が大きければ循環 Γ は大きくなる. 上式から円周速度 u を求めると,

$$u = \frac{\Gamma}{2\pi r} \tag{3.47}$$

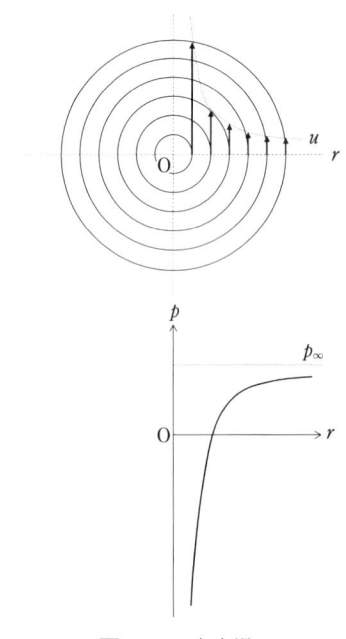

図 3.17 自由渦

自由渦から十分離れた無限遠での速度を u_∞,圧力を p_∞ とし,無限遠と自由渦の位置でベルヌーイの式をたてると,

$$\frac{\rho u^2}{2} + p = \frac{\rho u_\infty^2}{2} + p_\infty \tag{3.48}$$

無限遠での流体は静止している ($u_\infty = 0$) とし,式 (3.47) を用いると上式は,

$$\frac{\rho \left(\frac{\Gamma}{2\pi r}\right)^2}{2} + p = 0 + p_\infty \quad \therefore \frac{\rho \Gamma^2}{8\pi^2 r^2} + p = p_\infty \quad \therefore p = p_\infty - \frac{\rho \Gamma^2}{8\pi^2 r^2} \tag{3.49}$$

上式から,渦中心 $r=0$ では $p=-\infty$ となるが,圧力が負の無限大になることは現実にはありえない.次項では,現実に存在する渦について考える.

3.7.3 ランキン渦(組合せ渦)

中心付近が強制渦で,外側が自由渦となるような組合せ渦をランキン渦 (Rankine's compound vortex) という (図 3.18).

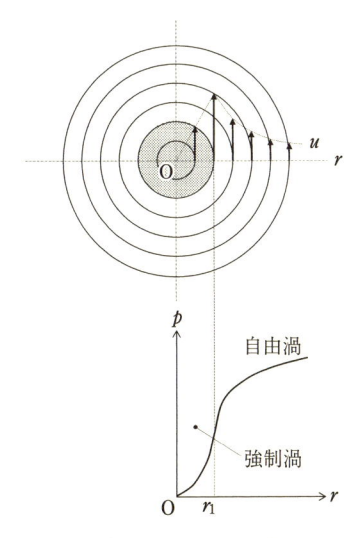

図 3.18 ランキン渦

3.7.4 放射流れと自由渦の組合せ

いま，単位幅の放射状流路に沿って，中心から半径方向に流れる放射流れを考える（図 3.19）．流量 Q を一定とし，半径 r_1, r_2 での流速を v_1, v_2 とすると連続の式から，

$$2\pi r_1 \cdot 1 \cdot v_1 = 2\pi r_2 \cdot 1 \cdot v_2 = Q \tag{3.50}$$

同様に任意の半径 r での流れの速度を v とすると，

$$2\pi r v = Q \quad \therefore v = \frac{Q}{2\pi r} \tag{3.51}$$

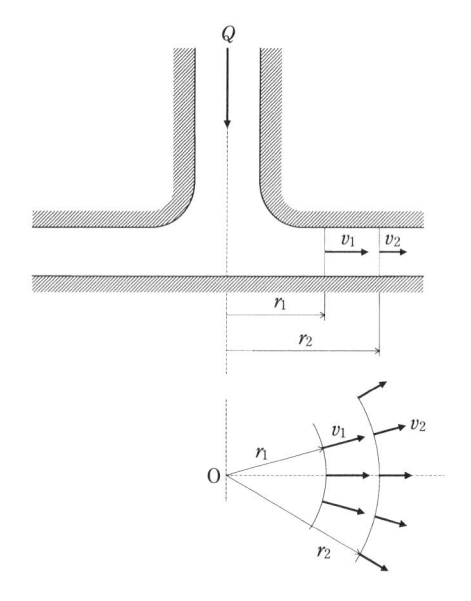

図 3.19 放射流れ

つぎに，放射流れと自由渦の組合せを考える（図 3.20）．流線上の点 P における半径方向（放射流方向）および円周方向（自由渦方向）の速度成分を v, u とすると，dt 時間に流体の進む距離は，

半径方向　　　$dr = v\,dt$ \hfill (3.52)

円周方向　　　$r\,d\theta = u\,dt$ \hfill (3.53)

3.7 回転運動

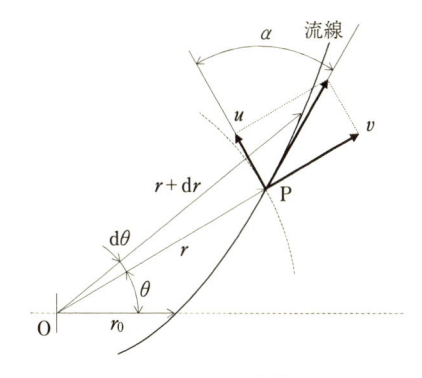

図 3.20 ら旋渦

式 (3.52) と (3.53) を辺々除して,

$$\frac{dr}{r\,d\theta} = \frac{v\,dt}{u\,dt} = \frac{v}{u} = \frac{\dfrac{Q}{2\pi r}}{\dfrac{\Gamma}{2\pi r}} = \frac{Q}{\Gamma} = 一定 \tag{3.54}$$

いま, $\tan\alpha = v/u$ とおくと,

$$\frac{dr}{r\,d\theta} = \tan\alpha \quad \therefore \quad \frac{dr}{r} = \tan\alpha \cdot d\theta \tag{3.55}$$

これを r で積分すると,

$$\ln r = \theta \tan\alpha + C \tag{3.56}$$

$\theta = 0$ で流線が $r = r_0$ を通るとすると積分定数 C は,

$$C = \ln r_0 \tag{3.57}$$

したがって,

$$\ln r = \theta\tan\alpha + \ln r_0 \quad \therefore \quad \ln\frac{r}{r_0} = \theta\tan\alpha \quad \therefore \quad r = r_0 e^{\theta\tan\alpha} \tag{3.58}$$

上式を対数ら旋の式といい, 自然界に生ずる永続性のある渦, 例えば, 竜巻, 台風, バスタブの渦, 鳴門の渦潮などはこの式で表される.

3.8 運動量の定理と応用

質点の力学では運動量の定理(momentum theorem)として運動量変化が力積に等しくなるが,流体に対しても運動量の定理が成り立ち次のようになる.

(流体に加えられた力) = (単位時間の流体の運動量増加)

いま,流体が曲った固体壁間を流れている状態を考え,面積が A_1 でそこを通過する流体の速度が V_1 の入口断面①と,面積が A_2 でそこを通過する流体の速度が V_2 の出口断面②を考える(図 3.21).また,V_1 と V_2 の x および y 方向成分をそれぞれ u_1, v_1 および u_2, v_2 とし,断面①と②と固定壁で囲まれる閉曲面(検査面という.任意にとって良い)に注目する.微小時間 dt 後に各断面の流体は移動して,断面①の流体は $V_1 dt$ 進んで①′へ,②の流体は $V_2 dt$ 進んで②′へ移動する.

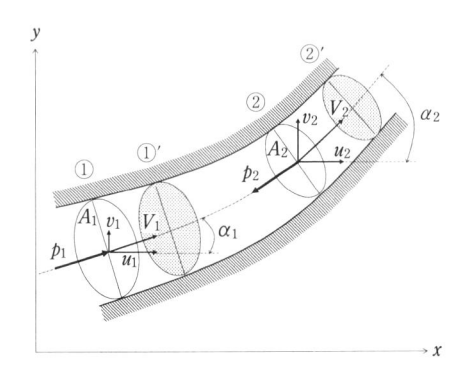

図 3.21 運動量の定理

断面①,②間と①′,②′間の共通部分である①′,②間の流体がもつ x 方向の運動量を M_x とすると,①,②間の流体のもつ x 方向運動量は,

(①,①′間の x 方向運動量) + (①′,②間の x 方向運動量)

すなわち,時間 dt 当たりに移動する質量は $\rho_1 A_1 V_1 dt$ なので,

$$\rho_1 A_1 V_1 dt\, u_1 + M_x \tag{3.59}$$

①′,②′間の流体のもつ x 方向運動量は,

(①′,②間の x 方向運動量) + (②,②′間の x 方向運動量)

すなわち,時間 dt 当たりに移動する質量は $\rho_2 A_2 V_2 dt$ なので,

$$M_x + \rho_2 A_2 V_2 dt\, u_2 \tag{3.60}$$

時間 dt の間に,流体のもつ運動量の増加分は,式(3.60)から式(3.59)を差し引くと得られ,

$$(M_x + \rho_2 A_2 V_2 dt\, u_2) - (\rho A_1 V_1 dt\, u_1 + M_x)$$
$$= \rho_2 A_2 V_2 dt\, u_2 - \rho_1 A_1 V_1 dt\, u_1 \tag{3.61}$$

単位時間当たりでは上式を dt で除して,

$$\frac{\rho_2 A_2 V_2 dt u_2 - \rho_1 A_1 V_1 dt u_1}{dt} = \rho_2 A_2 V_2 u_2 - \rho_1 A_1 V_1 u_1 \tag{3.62}$$

いま,固体壁間を単位時間に流れる流体の質量を m とすると,

$$m = \rho_1 A_1 V_1 = \rho_2 A_2 V_2 \tag{3.63}$$

したがって,単位時間当たりの x 方向への運動量増加は上式を式 (3.62) へ代入すると得られ,

$$mu_2 - mu_1 = m(u_2 - u_1) \tag{3.64}$$

同様に,単位時間当たりの y 方向への運動量増加は,

$$mv_2 - mv_1 = m(v_2 - v_1) \tag{3.65}$$

検査面内にある流体に作用する力の合力を F とすると,x および y 方向の力の成分は,

$$\left.\begin{array}{l} F_x = m(u_2 - u_1) \\ F_y = m(v_2 - v_1) \end{array}\right\} \tag{3.66}$$

密度 ρ が一定のとき,流量 Q は,

$$m = \rho A_1 V_1 = \rho A_2 V_2 = \rho Q \tag{3.67}$$

したがって式 (3.66) は,

$$\left.\begin{array}{l} F_x = \rho Q(u_2 - u_1) \\ F_y = \rho Q(v_2 - v_1) \end{array}\right\} \tag{3.68}$$

上式が流体の運動量の定理であり,流体の入口および出口の速度から流体に加えられた力を知ることができる.

3.8.1 曲り管内の流れ

曲がり管内を非圧縮流体が流量 Q で定常状態で流れている(図 3.22).いま,入口断面 ① と出口断面 ② の面積をそれぞれ A_1, A_2,速度を V_1, V_2,速度 V_1 および V_2 と x 軸のなす角を α_1, α_2,圧力を p_1, p_2 とすると,各方向の速度成分は,

V_1 の x,および y 方向成分:$u_1 = V_1 \cos \alpha_1, v_1 = V_1 \sin \alpha_1$

V_2 の x,および y 方向成分:$u_2 = V_2 \cos \alpha_2, v_2 = V_2 \sin \alpha_2$

いま,流体が管壁に及ぼす力 F の x および y 方向成分をそれぞれ F_x, F_y と

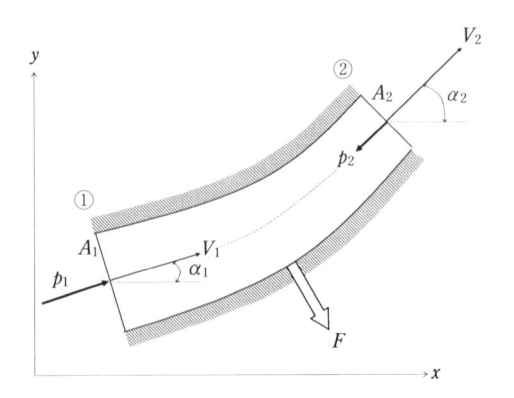

図 3.22 曲がり管内の流れの運動量

すると，壁面が流体に及ぼす力は $-F$ となるので，各成分は $-F_x, -F_y$ となる．圧力が流体に及ぼす力の x および y 方向成分は次式となる．

$$p_1 A_1 \cos\alpha_1 - p_2 A_2 \cos\alpha_2, \quad p_1 A_1 \sin\alpha_1 - p_2 A_2 \cos\alpha_2 \tag{3.69}$$

運動量の定理から，外力は出口と入口の運動量の差に等しいので x 方向について，

$$-F_x + p_1 A_1 \cos\alpha_1 - p_2 A_2 \cos\alpha_2 = \rho Q(u_2 - u_1)$$

$$\therefore -F_x + p_1 A_1 \cos\alpha_1 - p_2 A_2 \cos\alpha_2 = \rho Q(V_2 \cos\alpha_2 - V_1 \cos\alpha_1)$$

同様に y 方向について，

$$-F_y + p_1 A_1 \sin\alpha_1 - p_2 A_2 \sin\alpha_2 = \rho Q(V_2 \sin\alpha_2 - V_1 \sin\alpha_1)$$

したがって，流体が管壁に及ぼす力の各方向成分は次式となる．

$$\left.\begin{array}{l} F_x = \rho Q(V_1 \cos\alpha_1 - V_2 \cos\alpha_2) + p_1 A_1 \cos\alpha_1 - p_2 A_2 \cos\alpha_2 \\ F_y = \rho Q(V_1 \sin\alpha_1 - V_2 \sin\alpha_2) + p_1 A_1 \sin\alpha_1 - p_2 A_2 \sin\alpha_2 \end{array}\right\} \tag{3.70}$$

[例題3-2] 曲がり管に作用する力

図 3.23 のような水平面内に設置された 60° の曲がり管内を水が流量 200 l/s で流れている．管の入口と出口の直径がそれぞれ 300 mm，200 mm で，入口の圧力が 150 kPa のとき，曲がり管に作用する力の大きさ F と方向 θ を求めなさい．

3.8 運動量の定理と応用

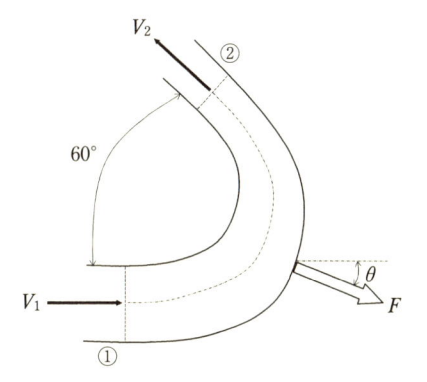

図3.23 曲がり管に作用する力

（解）
入口と出口の速度をそれぞれ V_1, V_2 とすると，連続の式から，

$$200 \times 10^{-3} [\mathrm{m^3/s}] = \frac{\pi}{4} \times 0.3^2 \times V_1 = \frac{\pi}{4} \pm 0.2^2 \times V_2$$

$V_1 = 2.83 [\mathrm{m/s}]$,
$V_2 = 6.37 [\mathrm{m/s}]$ (1)

入口と出口の間でベルヌーイの式をたてると，

$$p_2 = \frac{\rho}{2}(V_1^2 - V_2^2) + p_1$$

$$= \frac{1000}{2}(2.83^2 - 6.37^2) + 150 \times 10^3$$

$$= 1.34 \times 10^3 [\mathrm{Pa}] \tag{2}$$

曲がり管に作用する力の水平および鉛直方向成分をそれぞれ F_x, F_y とすると，運動量の定理から，

$$F_x = 1000 \times (200 \times 10^{-3}) \times (2.83 - 6.37 \cos 120°)$$
$$\quad + 150 \times 10^3 \times (\pi/4) \times 0.3^2 - 134 \times 10^3 \times (\pi/4) \times 0.2^2 \times \cos 120°$$
$$= 13.9 \times 10^3 [\mathrm{N}] \tag{3}$$

$$F_y = 1000 \times (200 \times 10^{-3}) \times (-6.37 \sin 120°)$$
$$\quad - 134 \times 10^3 \times (\pi/4) \times 0.2^2 \times \sin 120°$$
$$= -4.75 \times 10^3 [\mathrm{N}] \tag{4}$$

ゆえに，合力 F と方向 θ は次式で与えられる．

$$F = \sqrt{F_x^2 + F_y^2} = \sqrt{(13.9 \times 10^3)^2 + (-4.75 \times 10^3)^2} = 14.7 \times 10^3 [\text{N}] \tag{5}$$

$$\theta = \tan^{-1}(F_y/F_x) = \tan^{-1}(-4.75 \times 10^3/13.9 \times 10^3) = -18.9° \tag{6}$$

3.8.2 十分大きな平板に衝突する噴流

大気中を理想流体の噴流が十分大きな平板に垂直に衝突すると，理想流体では摩擦などの損失がないため，速度 V で平板に衝突した噴流は減速することなく速度 V で平板に沿って流出する（図3.24）．流体が平板を押す力の x 方向成分 F は，x 方向の入口運動量 $\rho Q V$ と x 方向の出口運動量（つまり0）を用いると，

$$F = -(0 - \rho Q V) = \rho Q V = \rho A V^2 \tag{3.71}$$

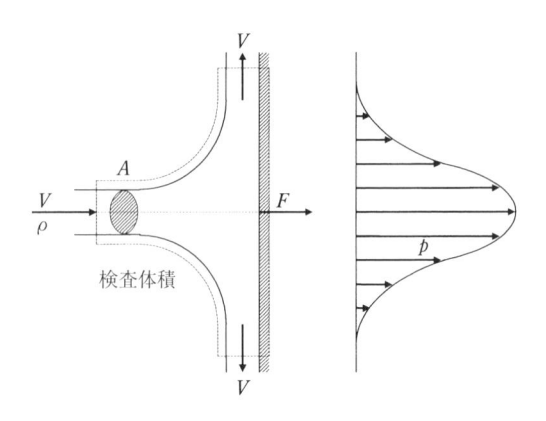

図 3.24 十分大きな平板に衝突する噴流

3.8.3 小さい平板に衝突する噴流

小さい平板に噴流が衝突すると，ある角度 θ で流出する（図3.25）．理想流体では，速度 V で平板に衝突した噴流は減速することなく角度 θ で流出する．F は，

$$F = -(\rho Q V \cos\theta - \rho Q V) = \rho A V^2 (1 - \cos\theta) \tag{3.72}$$

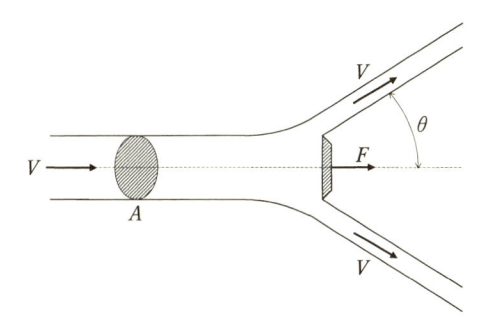

図 3.25 小さい平板に衝突する噴流

3.8.4 水受けに衝突する噴流

水受け（bucket）に噴流が衝突すると，水受けに沿ってある角度 θ で流出する（図3.26）．$\theta \geqq 90°$ の場合には $\beta = \pi - \theta$ とする．理想流体では速度 V で水受けに衝突した噴流は減速することなく方向を変えられ水受けから速度 V で流出する．直径 d の円形噴流が水受けを押す力の x 方向成分 F は，x 方向の入口運動量 ρQV と x 方向の水受け出口運動量 $-\rho QV\cos\beta$（ここで，流出方向は流入方向と反対なので符号が負となる）を用いると，

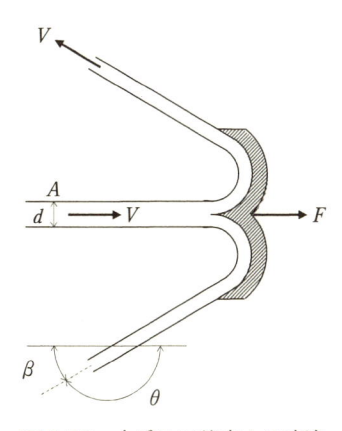

図 3.26 水受けに衝突する噴流

$$F = -[(-\rho QV\cos\beta) - (\rho QV)] = \rho QV(1+\cos\beta)$$
$$= \rho \frac{\pi}{4}d^2 V \cdot V(1+\cos\beta) = \rho \frac{\pi}{4}d^2 V^2(1+\cos\beta) \qquad (3.73)$$

$\beta = 0°$（つまり，$\theta = 180°$）のときは，式 (3.73) の値は式 (3.71) の2倍の力になる．

3.8.5 移動する水受けに衝突する噴流

水受けが速度 U で移動している場合を考える（図 3.27，この状況は発電用ペ

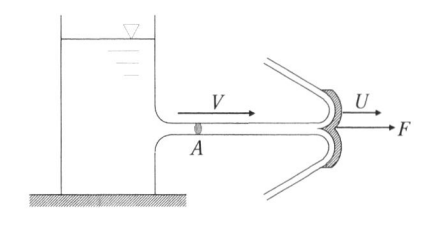

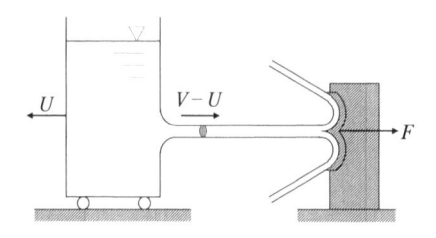

(a) 水槽が静止して水受けが移動する場合　　(b) 水受けが静止して水槽が移動する場合

図 3.27　移動する水受けに衝突する噴流

ルトン水車においてみられる）．この場合，自分が水受けとともに U で移動する，つまり水受けを基準とした相対系を考えると，「速度 U で移動する水受けに速度 V の流れが衝突する」ことは，「静止している水受けに速度 $(V-U)$ の流れが衝突する」ことと同じことになる．水受けを基準とした相対系で考えると，理想流体では速度 $(V-U)$ で水受けに衝突した噴流は減速することなく方向を変えられ（図 3.26 と同様）水受けから速度 $(V-U)$ で流出する．流体が平板を押す力の x 方向成分 F は，x 方向の入口運動量 $\rho Q(V-U)$ と x 方向の出口運動量 $\rho Q(V-U)\cos\beta$ を用いると，

$$F = -\{-\rho Q(V-U)\cos\beta - \rho Q(V-U)\} = \rho Q(V-U)(1+\cos\beta)$$
$$= \rho A(V-U)\cdot(V-U)(1+\cos\beta) = \rho A(V-U)^2(1+\cos\beta) \qquad (3.74)$$

3.8.6　角運動量の定理と物体が受けるトルク

質点の力学では角運動量の定理として角運動量（angular momentum）の変化が回転力（トルク，torque）に等しくなるが流体に対しても同様で，"流体に加えられたトルク"は"単位時間の角運動量増加"に等しくなる．

いま，図 3.28 に示す発電用フランシス水車のような半径流羽根車を考える．この場合，流れは羽根車の半径方向の外側から流入し羽根面に沿って流れた後，中心から軸方向へ流出する．羽根面に沿った流れの入口と出口での速度を v_1, v_2 とする（これは羽根車に自分が乗ったときに観察される相対速度となる）．一方，羽根車の回転角速度を ω とすると羽根車の周速度は入口で $u_1 = r_1\omega$，出口で $u_2 = r_2\omega$ となる．したがって，絶対速度（静止系からみた速

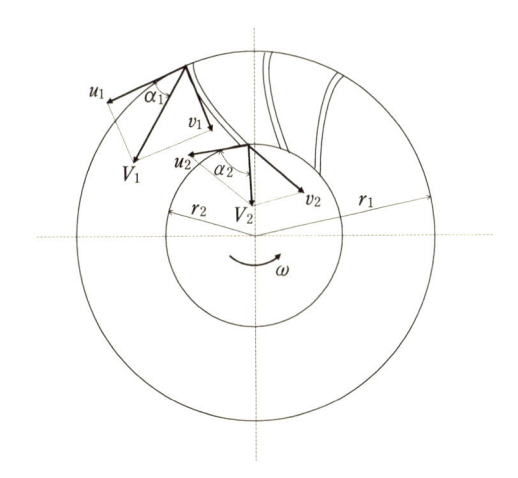

図 3.28　半径流羽根車内の流れ

度)は，入口では v_1 と u_1 の合成ベクトル V_1 となり，出口では v_2 と u_2 の合成ベクトル V_2 となる．また，羽根車への流入，流出角度は円周方向と V_1 および V_2 とのなす角度として α_1, α_2 とする．

流体に加えられた角運動量は，質点の力学の場合と同様に，

　　(質量)×(円周方向速度)×(半径)

で与えられ，入口円周上で流体のもつ羽根車中心回りの角運動量は，質量流量 ρQ，円周方向速度 $V_1 \cos \alpha_1$，半径 r_1 を用いると $\rho Q V_1 \cos \alpha_1 r_1$ となる．ここで，角運動量は静止系で考えることに注意を要する．同様に，出口円周上でのそれは $\rho Q V_2 \cos \alpha_2 r_2$ となる．流体に加えられたトルクは，

　　(出口での角運動量) − (入口での角運動量)
　　　$= \rho Q V_2 \cos \alpha_2 r_2 - \rho Q V_1 \cos \alpha_1 r_1$

となる．したがって，流体が羽根車に与えたトルク T [N·m] は，

$$T = -(\rho Q V_2 \cos \alpha_2 r_2 - \rho Q V_1 \cos \alpha_1 r_1) = \rho Q (V_1 r_1 \cos \alpha_1 - V_2 r_2 \cos \alpha_2) \tag{3.75}$$

また，羽根車の発生する動力 L [W] は，

$$L = T \omega \tag{3.76}$$

なお，羽根車入口および出口の面積を A_1, A_2 とすると，式 (3.75) 中の流量は

$Q = A_1 V_1 \sin\alpha_1 = A_2 V_2 \sin\alpha_2$ となる．

第3章の演習問題

(3-1)

パイプライン中を密度 800 kg/m³ の原油が毎時 180×10^3 kg で流れている．パイプラインの直径が 400 mm から 200 mm に狭められたとき，狭められる前と後の平均速度を求めなさい．

(3-2)

図 3.29 のように側面に多くの孔が開いている散水管がある．孔の総面積が 2 m³ で，供給流量が 8 m³/s のとき，孔の部分を通過した後の流量が 4 m³/s になった．散水の方向が 30° のとき，管から流出する水の速度を求めなさい．

(3-3)

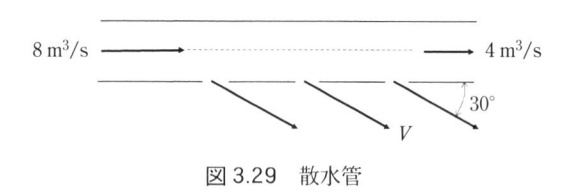

図 3.29 散水管

図 3.30 のように直径が 200 mm から 100 mm に縮小されている水平ノズル吹出し口の水噴流の速度をピトー管と水銀 U 字管マノメータによって測定する．マノメータの一端は縮小前の管壁に導かれ，他端はピトー管に導かれている．マノメータの読みは，ピトー管側が管壁側よりも 100 mm 低い．水の温度が 15℃ のとき，ノズルから噴出する水の速度を求めなさい．ただし，水銀の比

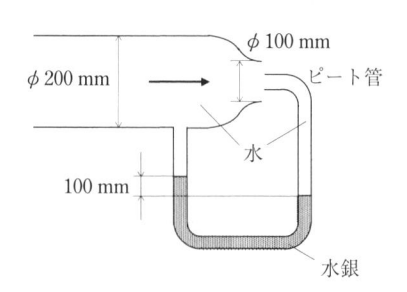

図 3.30 水銀 U 字管圧力計

重は13.6とする.

(3-4)

　直径100 mmのサイフォンを使って，上部タンクから高さ2 mの壁を乗り越えて，落差4 mの下部タンクへ水を送っている．サイフォンの最上点Aでの速度と圧力を求めなさい．

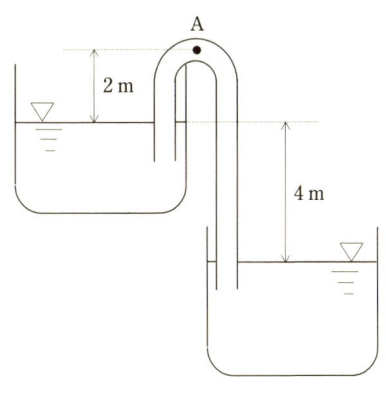

図3.31　サイフォン

(3-5)

　直径10 mmの水噴流が速度25 m/sで水受けに衝突し，180°向きを変えて水受けから流出する．水受けが速度5 m/sで噴流と同じ方向へ進んでいるとき，水受けに作用する力を求めなさい．

(3-6)

　フランシス水車が温度5℃，流量60 m³/sの水によって30 rpmで回転している．羽根車の入口半径が3 m，出口半径が2 mで，入口角度が100°，出口角度が140°，軸方向の幅が0.5 mのとき，水車のトルクと軸動力を求めなさい．

(3-7)

　半径3 mにおいて速度が1 m/sの自由渦がある．この自由渦の循環を求めなさい．

第4章　次元解析による流れの解析と相似則

ある物理現象，流れが多数の物理量（変数），例えば速度，圧力などによって支配，影響されるような場合，それを数式化して解を求めるすなわち理論的に解析することは多くの場合困難である．このような場合，以下に示す次元解析の手法が用いられる．

4.1 次元解析とπ定理

4.1.1 次元解析

次元解析は，"変数間の関係を表す式中の各項の次元は等しくなければならない"という基本的な原理に基づいて変数間の関係を表す幾つかの無次元量を求め，それを実験結果を使って整理する方法である．

例えば，実験結果によると流体が流れている管の長さ l の区間の圧力差 $\varDelta p$ は管の直径 d，流体の速度 u，密度 ρ，粘度 μ の関数になる．

すなわち，

$$\varDelta p = F(d, l, u, \rho, \mu) \tag{4.1}$$

ここで，F：関数記号

つぎに，これらの変数間の関係を次元解析によって求めてみる．関数形は未知であるが任意の関数はべき級数として展開することができるので，それは変数のべき乗の積からなる項の和として表すことができる．

すなわち，最も簡単な関数形は，

$$\varDelta p = C d^{a_1} l^{a_2} u^{a_3} \rho^{a_4} \mu^{a_5} \tag{4.2}$$

ここで，C：定数

右辺の組合せ項の次元は，左辺のそれと等しくなければならない．また，式(4.2)中の各変数は長さ L，質量 M，および時間 T で表すことができる．

$$\varDelta p \equiv ML^{-1}T^{-2},\ d \equiv L,\ l \equiv L,$$
$$u \equiv LT^{-1},\ \rho \equiv ML^{-3},\ \mu \equiv ML^{-1}T^{-1} \tag{4.3}$$

式(4.2)と(4.3)から，

$$ML^{-1}T^{-2} = L^{a_1}L^{a_2}(LT^{-1})^{a_3}(ML^{-3})^{a_4}(ML^{-1}T^{-1})^{a_5} \tag{4.4}$$

両辺の次元が一致するためには,

$$\left. \begin{array}{l} M: 1 = a_4 + a_5 \\ L: -1 = a_1 + a_2 + a_3 - 3a_4 - a_5 \\ T: -2 = -a_3 - a_5 \end{array} \right\} \tag{4.5}$$

M の式から a_4 を,T の式から a_3 を求め L の式に代入すると,

$$a_1 = -a_2 - a_5$$

これを式 (4.2) に代入すると,

$$\Delta p = C d^{-a_2-a_5} l^{a_2} u^{2-a_5} \rho^{1-a_5} \mu^{a_5} \tag{4.6}$$

すなわち,

$$\Delta p/(\rho u^2) = C(l/d)^{a_2}[\mu/(\rho u d)]^{a_5} \tag{4.7}$$

a_2 と a_5 は任意定数なので,上式は $\Delta p/(\rho u^2)$, l/d, $\mu/(\rho u d)$ の各項が無次元のときにのみ成立する.ちなみに,各項の次元を調べると無次元となる.
なお,項 $(\rho u d/\mu)$ はレイノルズ数 Re として知られている.
一般に,式 (4.7) は次式で表される.

$$\Delta p/(\rho u^2) = F(l/d, \rho u d/\mu) \tag{4.8}$$

式 (4.1) と (4.8) を比べると,六つの変数をもつ関係が三つの無次元項の関係に簡単化されているのがわかる.

4.1.2 バッキンガムの π 定理

バッキンガムの π 定理(Buckingham's π - theorem)は,"いま,ある物理現象が n 個(例えば,$a_1, a_2, a_3, \cdots\cdots, a_n$)の物理量で支配され,それらを表す基本量が k 個(例えば,力学的な基本量は,長さ L,質量 M,時間 T の三つである)あるとすると,この現象は m 個($=n-k$)の無次元量 $\pi_1, \pi_2, \pi_3, \cdots\cdots, \pi_m$ で表すことができる"ことに基づいている.
すなわち,n 個の物理量間の関係

$$F(a_1, a_2, a_3, \cdots\cdots, a_n) = 0 \tag{4.9}$$

が,次の m 個($=n-k$)の無次元量間の関係で表される.

$$\Phi(\pi_1, \pi_2, \pi_3, \cdots\cdots, \pi_m) = 0 \tag{4.10}$$

なお,$\pi_1, \pi_2, \pi_3, \cdots\cdots, \pi_m$ は次のように求められる.

いま，n 個の物理量の中から任意に $(k+1)$ 個を選んで一つの無次元量 π を作り，さらに，m 個の無次元量を作るにあたり，n 個の物理量のどれもが一度はいずれかの π の中に含まれるようにする．

これらの無次元量を使って実験結果を整理すると，無次元量間の関数関係が明らかになる．これを，バッキンガムの π 定理という．

[例題 4-1] 流れの中の物体に働く力，抵抗力（抗力）

速度 u の一様流中に置かれた直径 d の球が受ける流れ方向の力，抵抗力，または抗力 (drag) D を次元解析から求めなさい．

（解）

D に関係する物理量として，重力と浮力の影響を無視すると，d, u，流体の密度 ρ と粘度 μ が考えられる．したがって，$n=5, k=3, m=n-k=2$ で，π は次の二つになる．

まず，$(k+1)$ 個，すなわち 4 個の物理量を D, d, u, ρ とすると，

$$\pi_1 = D d^\alpha u^\beta \rho^\gamma = [LMT^{-2}][L]^\alpha[LT^{-1}]^\beta[L^{-3}M]^\gamma$$
$$= L^{1+\alpha+\beta-3\gamma} M^{1+\gamma} T^{-2-\beta} \tag{1}$$

したがって，

$1 + \alpha + \beta - 3\gamma = 0$

$1 + \gamma = 0$

$-2 - \beta = 0$

∴ $\alpha = -2, \beta = -2, \gamma = -1$

式 (1) から，次の関係を得る．

$$\pi_1 = D/(\rho u^2 d^2) \tag{2}$$

つぎに，二つ目の π は 4 個の物理量として d, u, μ, ρ を選び上記と同様の方法で π_2 を求めると，

$$\pi_2 = \mu/(\rho u d) \tag{3}$$

いま，π 定理から $\pi_1 = f(\pi_2)$ なので，次の関係を得る．

$$D/(\rho u^2 d^2) = F[\mu/(\rho u d)] = F(1/Re) \tag{4}$$

いま，d^2 は球の投影面積 A に比例するので，式 (4) は修正係数（実験値で，抵抗係数と呼ばれる）C_d を用いて一般に次式で表される．

抵抗力： $D = C_d A (\rho u^2 / 2)$ (5)

ここで，$C_d = F(Re)$

式(5)は，流れの中に存在する物体が流体から受ける抵抗の定義式で，流体の速度エネルギー（$\rho u^2/2$）の何パーセント（$= C_d$）が抵抗力（$= D/A$）になるかを示している．したがって，C_d は，Re 数の関数であるばかりでなく物体の形状によって変化することになる．

抵抗係数 C_d については，各種の物体形状に対して Re 数の関数としての線図（実験値）が用意されている[7,8,19]．代表例として，球と円柱（二次元物体）に対する結果[19]を図4.1に示す．

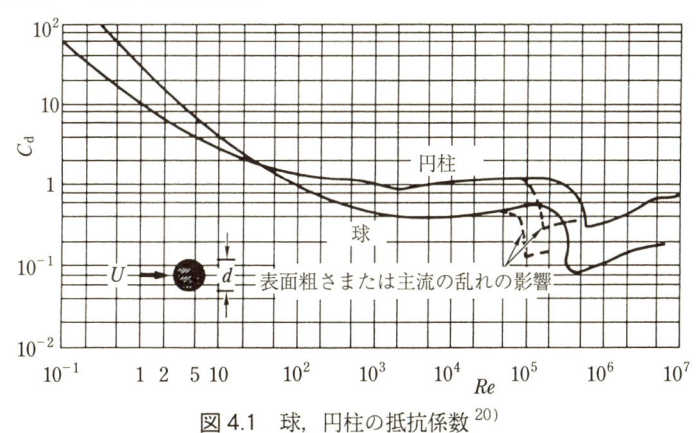

図4.1 球，円柱の抵抗係数[20]

[例題4-2] 管摩擦損失

円管内を発達した速度分布を有する流れが通過する際の長さ l 当たりの摩擦損失 Δp を表す式を次元解析を使って求めなさい．

（解）

Δp に関係する物理量は，管内径 d，管壁面の粗さ ε，流体の密度 ρ，粘度 μ，および速度 u と考えられる．したがって，物理量，基本量，および無次元量の数はそれぞれ，$n=6, k=3, m=n-k=3$ となる．三つの無次元量 π_1, π_2 と π_3 は前記と同様の方法で求めるとそれぞれ，

$\pi_1 = (\Delta p / l)[d/(\rho u^2)]$

$\pi_2 = \mu/(\rho u d)$

$\pi_3 = \varepsilon/d$

π 定理から $\pi_1 = F(\pi_2, \pi_3)$ なので，$(\Delta p/l)[d/(\rho u^2)] = F[\mu/(\rho u d), \varepsilon/d]$ となり，

$\Delta p = (l/d)\rho u^2 \cdot F[\mu/(\rho u d), \varepsilon/d]$

両辺を ρg で割ると，

$\Delta p/(\rho g) = \Delta p/\gamma = h = F[\mu/(\rho u d), \varepsilon/d](l/d)u^2/(2g)$
$= F(1/Re, \varepsilon/d)(l/d)u^2/(2g) \equiv \lambda(l/d)u^2/(2g)$

ここで，h は損失水頭，λ は管摩擦係数（friction factor）である．

すなわち，流体の速度エネルギー [$=u^2/(2g)$，水頭で表記] の何パーセント（$=\lambda$）が管の単位長さあたりの摩擦損失（$=h$）になるかを示している．λ については，内面が滑らかな滑管および粗面管について Re 数の関数としての線図（ムーディ線図，実験値，図 5.10）が用意されている．

［例題 4-3］カルマン渦列（Kármán vortex street）

流れの中に置かれた物体後方から渦が交互にはく離し放出される現象，いわゆるカルマン渦列（図 4.2，参照）が生起し，その際生じる交番的な揚力のため物体が激しく振動することがある．カルマン渦列の渦放出振動数を次元解析を使って求めなさい．

（解）

この場合，関係する物理量は物体の大きさ d，流速 u，流体の密度 ρ と粘度 μ，および渦の発生振動数 f である．したがって，物理量，基本量，および無次元量の数はそれぞれ，$n=5$，$k=3$，$m=n-k=2$ となる．二つの無次元量 π_1 と π_2 は前記と同様の方法で求めるとそれぞれ，

ストローハル数（Strouhal Number）：

$\pi_1 = fd/u = St$

ここで，St はストローハル数と呼ばれ無次元表記した渦の発生周期である．

$\pi_2 = \mu u d/\rho = Re$

π 定理から $\pi_1 = F(\pi_2)$ なので，$fd/u = F(\mu u d/\rho) = F(Re)$ となり，

$f = (u/d)F(Re)$

なお，直径 d の円柱の場合，実験結果から例えば $150 < Re < 10^5$ では $F(Re)$

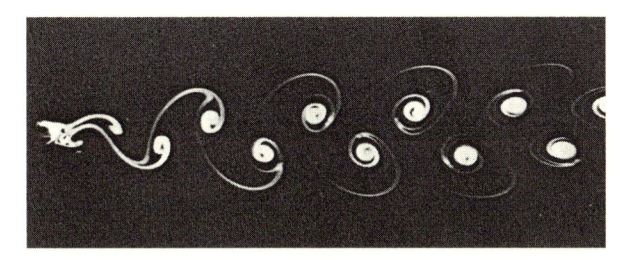

図4.2 円柱からのカルマン渦列（$Re = 105$，Taneda）[21]

$= 0.21$ となり，カルマン渦列の発生振動数 f は，

$f = 0.21(u/d)$

詳しくは，Tayler, G. L. による以下の式などがある．

$f \fallingdotseq 0.198(u/d)(1 - 19.7/Re)$

4.2 力学的な相似則

4.2.1 相似則（Law of similarity）

各種の流体機械，航空機，船舶などの開発においては，主に経済的な観点からしばしば縮尺模型を使った実験によってその性能を推測することが行われる．その際，模型の形状が実物と幾何学的に相似であるとともに，流れの状態も両者において力学的に相似でなければならない．

流れの力学に関連する物理量として，高さ $h[L]$，長さ $l[L]$，速度 $u[LT^{-1}]$，圧力 $p[ML^{-1}T^{-2}]$，加速度 $a[LT^{-2}]$，密度 $\rho[ML^{-3}]$，粘度 $\mu[ML^{-1}T^{-1}]$，表面張力 $T[MT^{-2}]$，弾性係数 $E[ML^{-1}T^{-2}]$ などが，また，流体粒子に作用する力として，圧力，加速度，粘性力，表面張力，弾性力などが考えられる．実物と模型の周りの流動状態を力学的に相似にするには，実物と模型に作用するこれらの力の比，割合が等しくなければならないが，これを全て同時に実現することは不可能である．実際には，流れを支配している主たるものを等しくするようにする．

例えば，いま，形状が相似な模型を使ってその流体力学的な特性を検討することを考える．流れ（二次元，非圧縮粘性流体）の運動を記述する運動方程式

〔式 (5.5),参照〕は x 方向のみを記すと,

$$\frac{\partial u}{\partial t}+u\frac{\partial u}{\partial x}+v\frac{\partial u}{\partial y}=-\frac{1}{\rho}\frac{\partial p}{\partial x}+\nu\left(\frac{\partial^2 u}{\partial x^2}+\frac{\partial u^2}{\partial y^2}\right) \tag{4.11}$$

連続の式は,

$$\frac{\partial u}{\partial x}+\frac{\partial v}{\partial y}=0 \tag{4.12}$$

式 (4.11) を,代表速度を U,代表長さを L とし,次の無次元量 $x/L=x_n$, $y/L=y_n$, $u/U=u_n$, $v/U=v_n$, $t/(L/U)=t_n$ を使って表すと,

$$\frac{\partial u_n}{\partial t_n}+u_n\frac{\partial u_n}{\partial x_n}+v_n\frac{\partial u_n}{\partial y_n}=-\frac{\partial p_n}{\partial x_n}+\frac{\nu}{UL}\left(\frac{\partial^2 u_n}{\partial x_n^2}+\frac{\partial^2 u_n}{\partial y_n^2}\right) \tag{4.13}$$

$$\frac{\partial u_n}{\partial x_n}+\frac{\partial v_n}{\partial y_n}=0 \tag{4.14}$$

式 (4.13) から,UL/ν を同一にすると実物と模型の周りの流れを記述する式が同一になる,すなわち流れが相似になる(レイノルズの相似則が成立する)ことがわかる.この無次元数 $UL/\nu(\equiv Re)$ を,レイノルズ数(Reynolds number)という.なお,この場合,流れは慣性力と粘性力によって支配されていることを意味する.

[例題4-4] レイノルズの相似則

静止大気中を $u=50\,\mathrm{m/s}$ の速度で飛んでいる飛行機の周りの流れを,実物(代表長さ:L)の 1/3 の大きさ $L_\mathrm{m}=L/3$ の模型を使って風洞内で模擬したい.風洞内の空気の流速 u_m は,いくらにすればよいか.空気の動粘度は,$\nu=1.5\times 10^{-3}\,\mathrm{m^2/s}$ とする.

(解)

この場合,レイノルズの相似則が成り立つので実物と模型でのレイノルズ数,Re を同一にすればよい.すなわち,

$$uL/\nu=u_\mathrm{m}L_\mathrm{m}/\nu_\mathrm{m}$$

いま,$\nu=\nu_\mathrm{m}$ とすると,u_m は以下のように求められる.

$$u_\mathrm{m}=uL/L_\mathrm{m}=50\times 3=150\ [\mathrm{m/s}]$$

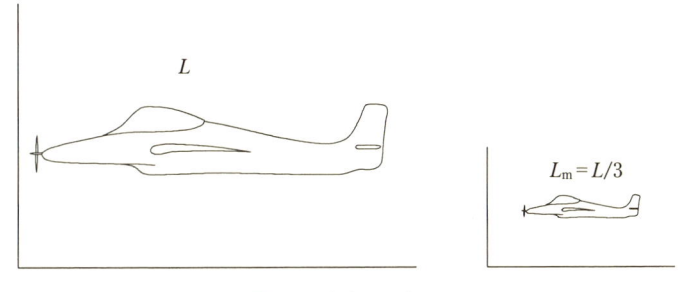

図 4.3 相似モデル

4.2.2 相似パラメータ

流れの力学的相似を記述する幾つかの代表的な相似パラメータ(無次元)を以下にまとめて示す.

(1)レイノルズ数, Re 4.2.1項で説明したように,慣性力と粘性力が支配的な流れ,例えば,圧縮性を考慮しなくてよい場合の管内流,航空機や建造物などの物体のまわりの流れなどでは,粘性力に対する慣性力の比,すなわちレイノルズ数が同一なら流れは力学的に相似になる.

いま,粘性力は $\mu(du/dy)A=\mu(U/L)L^2=\mu UL$,慣性力は $ma=\rho m \times (L/T^2)=\rho U^2 L^2$ と表されるのでそれらの比,すなわちレイノルズ数 Re は,

$$Re = \mu UL/(\rho U^2 L^2) = UL/\nu \tag{4.15}$$

(2)フルード数 (Froude number), Fr 船舶が水面上を進む際に生じる水面波による抵抗力(造波抵抗, wave resistance)は,慣性力と重力加速度に支配される.すなわち,

$$Fr = \rho U^2 L/(\rho L^3 g) = U^2/gL \tag{4.16}$$

一般には,右辺の平方根をとり次式で表される.

$$Fr = \frac{U}{\sqrt{gL}} \tag{4.17}$$

実物の船の造波抵抗は,Fr 数を同一にした模型船による実験結果から見積もることができる.なお,船が流体から受ける抵抗には他に摩擦抵抗,形状抵抗などがある(問題 4.2,参照).

(3) マッハ数（Mach number），M　流体（主に気体）が物体に対して相対的に高速で運動する場合には流体の圧縮性が無視できなくなり，慣性力と弾性力が支配的な流れとなる．すなわち，それらの比，マッハ数 M は，

$$M = \rho U^2 L/(KL^2) = U^2/(K/\rho) = U^2/c^2 \tag{4.18}$$

ここで，c：音速，K：体積弾性係数

右辺の平方根をとり，

$$M = U/c \tag{4.19}$$

なお，$M>1$, <1, $\fallingdotseq 1$ の流れをそれぞれ，超音速流（supersonic flow），亜音速流（subsonic flow），遷音速流（transonic flow）という（問題 4.5, 4.6, 参照）．

第4章の演習問題

(4-1)
半径 R の円管内を粘度 μ の液体が，層流状態で発達した速度分布をもって流れている．区間 l の間の圧力損失を Δp とし，次元解析によって流量 Q と R，μ，$\Delta p/l$ との間の関係を求めなさい．

(4-2)
船が水面上を航行すると船首と船尾から波が生じ，それらが船体の流動抵抗を増加させる．波によって生じる抵抗を造波抵抗（他に，摩擦抵抗，形状抵抗，誘導抵抗，などがある）といい，その運動は重力によって支配される．いま，船の造波抵抗 D_s は，船の長さ L，速度 U，流体の密度 ρ_w，重力加速度 g の関数で表されるものとし，次元解析によって関係式を求めなさい．

（注）
解答に無次元量 $Fr = U/\sqrt{gL}$（フルード数）が現れ，Fr 数が同一であれば模型による実験結果から実物の抵抗力が求められる．

(4-3)
いま，ポンプが流量 $Q=0.2\,\mathrm{m^3/s}$，揚程 $H=20\,\mathrm{m}$ で運転されている．1/2.5の大きさの模型を使って $Q_m=0.02\,\mathrm{m^3/s}$ で相似な運転をするには，H はいくらでなければならないか．なお，実物のポンプと模型の間には次の関係が成り立つとする．なお，L は代表長さ，添字 m は模型を示す．

$$L/L_m = (Q/Q_m)^{1/2} (H/H_m)^{-1/4}$$

(4-4)

　高速気流では，流体の粘性より圧縮性の方が流れに大きな影響を与える．いま，超音速で静止空気中を飛行する物体の流動抵抗は，物体の速度 u，断面積 A，空気の密度 ρ，体積弾性係数 $K[=\rho(\mathrm{d}p/\mathrm{d}\rho)]$ の関数で表されるものとし，次元解析によって関係式を求めなさい．

　（注）

　解答に無次元量 $M=U/c$（マッハ数）が現れ，M 数が同一であれば模型による実験結果から実物の抵抗力が求められる．

(4-5)

　気流中の音速 c は，気体の静圧 p，密度 ρ，動粘度 ν の関数で表されるものとし，次元解析によって関係式を求めなさい．

第5章 円管内の流れ

　家庭の水道水や都市ガス，自動車エンジンの燃料や吸排気，また工業プラントの化学物質など，多くの流体の輸送には管路が用いられることが多い．これら管路内の流れでは特に，流体の粘性による管壁との摩擦がせん断応力を発生しエネルギーの損失を起こす．また，管路の曲がりや断面積の変化により流体の運動方向が変えられることによってもエネルギーの損失を起こす．
　本章では，特に円管内を流れる流体の流動特性（例えば，速度分布，圧力分布，流動抵抗，など）について述べる．

5.1 助走区間の流れ

　静止している流体をベルマウス形状の入口を介して円管（滑管）に滑らかに導くと，管入口部での速度分布はほぼ均一になる（図5.1）．流体が下流にいく

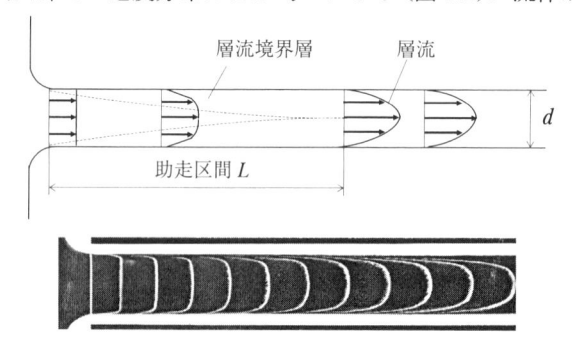

（水，流速 6 cm/s，管内径 27 mm，$Re = 1.6 \times 10^3$，水素気泡法）[9]
(a) 層流

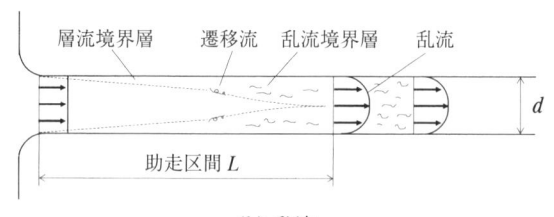

(b) 乱流

図5.1　助走区間の流れ

にしたがい，管壁面と流体との摩擦により管壁面近傍の流体の速度が減少し，その減少した流量分の流体が管中心に押し出され，それによって管中心付近の流体の速度が増加する．壁面との摩擦により速度が減少する領域を境界層（boundary layer）という（5.3節，参照）．さらに下流では中心付近の流れが徐々に増加し，やがて十分増加すると管断面の速度分布が放物線形になり，これ以上は速度分布が変化しなくなる．入口からこの状態になるまでの間を助走区間（inlet region）といい，この距離 L を助走距離（inlet length）という．また，それより下流を発達領域（developed region）という．助走距離 L の値は層流と乱流で異なり次のように表される．

助走距離：

* 層流の場合，

$L = 0.065 Re \cdot d$ ： ブジネ（Boussinesq）の計算，
　　　　　　　　　　ニクラーゼ（Nikuradse）の実験 　　　　　　　　(5.1)

$L = 0.06 Re \cdot d$ ： 浅尾・岩浪・森の計算 　　　　　　　　(5.2)

* 乱流の場合，

$L = 0.693 Re^{1/4} \cdot d$ ： ラッコ（Latzko）の計算 　　　　　　　　(5.3)

$L = (25 \sim 40) d$ ： ニクラーゼの実験 　　　　　　　　(5.4)

5.2 速度分布

ここでは，十分に発達した円管内の流れの速度分布について考える．ところで，流体の粘性を無視したいわゆる理想流体の運動を記述する式は，オイラーの運動方程式と呼ばれ後の7.3節〔式(7.20)〕で導かれている．その際，流体の微小領域（要素）に働く力として面に作用する圧力と体積への外力（重力など）を考慮するが，粘性流体では面に働く力として粘性応力も作用するので粘性流体の運動方程式（ナビエ・ストークスの運動方程式，Navier-Stokes equations）はそれの項を含むことになる．

いま，二次元，非圧縮性粘性流れの運動を記述する x（主流），y 方向の運動方程式（ナビエ・ストークスの運動方程式）を示すとそれぞれ次式となる[10]．

x 方向：

$$\rho\left(\frac{\partial u}{\partial t}+u\frac{\partial u}{\partial x}+v\frac{\partial u}{\partial y}\right)=\rho X-\frac{\partial p}{\partial x}+\mu\left(\frac{\partial^2 u}{\partial x^2}+\frac{\partial^2 u}{\partial y^2}\right)$$

y 方向：

$$\rho\left(\frac{\partial v}{\partial t}+u\frac{\partial v}{\partial x}+v\frac{\partial v}{\partial y}\right)=\rho Y-\frac{\partial p}{\partial y}+\mu\left(\frac{\partial^2 v}{\partial x^2}+\frac{\partial^2 v}{\partial y^2}\right) \tag{5.5}$$

ここで，u, v は x, y 方向への流速，p は圧力，t は時間，ρ, μ は流体の密度および粘度，X, Y は x, y 方向への単位質量当たりの体積力である．

式 (5.5) の左辺は慣性項で，そのうち時間 t によって変化する量 $\rho\frac{\partial u}{\partial t}$，$\rho\frac{\partial v}{\partial t}$ を非定常項，座標によって変化する量 $\rho\left(u\frac{\partial u}{\partial x}+v\frac{\partial u}{\partial y}\right)$，$\rho\left(u\frac{\partial v}{\partial x}+v\frac{\partial v}{\partial y}\right)$ を対流項という．また，右辺の第1～3項をそれぞれ，体積力項，圧力項および粘性項という．

この式をいま考えている流れについてその境界条件の下に連続の式 (7.21) とともに解けば，二次元の流れ場の任意の位置の速度や圧力などの流動状態を明らかにすることができる．しかし，一般には非線形の式なので解析的に解くことは容易ではない．

また，式 (5.5) を円筒座標系 (r, θ, z) で表すと次式となる．なお，この際，円周 (θ) 方向の速度成分は零で z 軸を x 軸 (速度成分 u) と表記した．

x 方向：

$$\rho\left(\frac{\partial u}{\partial t}+u\frac{\partial u}{\partial x}+v\frac{\partial u}{\partial r}\right)=\rho X-\frac{\partial p}{\partial x}+\mu\left(\frac{\partial^2 u}{\partial x^2}+\frac{1}{r}\frac{\partial u}{\partial r}+\frac{\partial^2 u}{\partial r^2}\right)$$

r 方向：

$$\rho\left(\frac{\partial v}{\partial t}+u\frac{\partial v}{\partial x}+v\frac{\partial v}{\partial r}\right)=\rho R-\frac{\partial p}{\partial r}+\mu\left(\frac{\partial^2 v}{\partial x^2}+\frac{1}{r}\frac{\partial v}{\partial r}-\frac{v}{r^2}+\frac{\partial^2 v}{\partial r^2}\right) \tag{5.6}$$

ここで，R は r 方向の単位質量当たりの体積力である．

なお，円筒座標系で表した定常流の連続の式は次式となる．

$$\frac{1}{r}\frac{\partial (rv)}{\partial r}+\frac{\partial u}{\partial x}=0 \tag{5.7}$$

5.2.1 層流の場合

円管内の流れは軸対称なので,円筒座標系での運動方程式を使用するのが便利である.流れは層流で定常とすると,半径(r)および周(θ)方向の速度成分は零なので,考慮しなければならない速度成分は流れ(x)方向の u 成分に関する運動方程式だけになる.また,定常状態を考えると時間微分項 $\partial/\partial t$ は零となり,さらに連続の式〔式(5.7)〕から $\partial u/\partial x = 0$ となる.また,$X = 0$ で ρ を一定とすると,運動方程式はかなり簡略化され次式を得る.

$$-\frac{\partial p}{\partial x} + \mu\left(\frac{\partial^2 u}{\partial r^2} + \frac{1}{r}\frac{\partial u}{\partial r}\right) = -\frac{\partial p}{\partial x} + \mu\frac{1}{r}\frac{\partial}{\partial r}\left(r\frac{\partial u}{\partial r}\right) = 0 \tag{5.8}$$

これを積分すると,

$$\frac{\partial u}{\partial r} = \frac{1}{2\mu}\left(\frac{\partial p}{\partial x}\right)r + \frac{C_1}{r}$$

流れは中心軸に関して対称なので $r = 0$ で $\partial u/\partial r = 0$ となり,積分定数は $C_1 = 0$ となる.さらに,これを積分すると,

$$u = \frac{1}{4\mu}\left(\frac{\partial p}{\partial x}\right)r^2 + C_2 \tag{5.9}$$

円管の壁面上($r = 0$)では流れのすべりなし(粘着)条件から $u = 0$ なので積分定数は $C_2 = 0$ となり,

$$u = \frac{1}{4\mu}\left(\frac{\partial p}{\partial x}\right)(r^2 - R^2) \tag{5.10}$$

いま,管中心 $r = 0$ での速度(最大流速)を $u_{\max}$ とすると,

$$u_{\max} = -\frac{R^2}{4\mu}\left(\frac{\partial p}{\partial x}\right) \tag{5.11}$$

したがって,u を $u_{\max}$ で無次元化すると,

$$\frac{u}{u_{\max}} = 1 - \left(\frac{r}{R}\right)^2 \tag{5.12}$$

すなわち,前記したように速度分布は放物線形になることがわかる.

なお,円管内層流の速度分布は次の例題(5-1)で示すように流れの中の流体要素(検査体積)に作用する力の平衡からも求められる.

[例題 5-1] 円管内層流の速度分布

円管内層流の速度分布式を，図5.2に示す検査体積に作用する力の平衡から求めなさい．

（解）

いま，速度 u は r の，圧力 p は x の関数とし，図に示す検査体積に作用する圧力差による力とせん断力の釣合いを考えると，

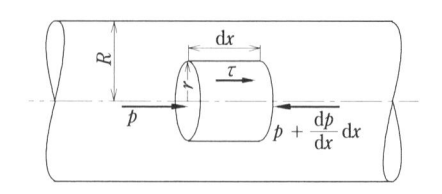

図5.2 円管内層流における検査体積

$$\pi r^2 \mathrm{d}p = \tau 2\pi r \mathrm{d}x = \mu\left(\frac{\mathrm{d}u}{\mathrm{d}r}\right) 2\pi r \mathrm{d}x \tag{1}$$

したがって，

$$\mathrm{d}u = \frac{1}{2\mu} r \left(\frac{\mathrm{d}p}{\mathrm{d}x}\right) \mathrm{d}r \tag{2}$$

上式を円管中心（$r=0$）から管壁（$r=R$）まで積分し境界条件（$r=R$ で $u=0$）を考慮すると，u について式 (5.10) と同様の式を得る，

$$u = \frac{1}{4\mu}\left(\frac{\mathrm{d}p}{\mathrm{d}x}\right)(r^2 - R^2) \tag{3}$$

層流で放物線形の速度分布を有する流れをポアズイユ流れ（Poiseuille flow）という．

この場合の流量 Q は，

$$Q = \int_0^R 2\pi r u \, \mathrm{d}r = -\frac{\pi R^4}{8\mu}\frac{\mathrm{d}p}{\mathrm{d}x} = -\frac{\pi R^4}{8\mu}\frac{\Delta p}{l} \tag{5.13}$$

ここで，Δp は管長 l の区間の圧力損失である．

これを，ハーゲン・ポアズイユの法則（Hagen-Poiseuille's law）といい Δp と Q を測定して流体の粘度 μ を求めることができる．

また，管内最大流速 $u_{\max}$ と平均流速 u_m との関係は，式 (5.12) と式 (5.13) から，

$$u_{\max} = 2 u_m \tag{5.14}$$

すなわち，円管内層流の流れでの最大流速は平均流速の2倍になる〔問題 (5-

1），参照］．

5.2.2 乱流の場合

層流の場合には，方程式を時間的に平均すれば容易に速度分布を求めることができた．しかし，乱流状態にある流れでは流路形状が簡単な円管内の流れについてさえ解析的に速度分布を求めることはできない．時間平均すると流れ場には乱流によるせん断応力（レイノルズ応力）が付加される．このせん断応力は流れ場によって生じた乱れが原因なので，その特性を理論的に予測することは難しく実験的に求めることになる．円管の壁近傍の薄い層では乱流境界層とよく似た乱れが生成されるので，速度分布を壁面の摩擦応力で無次元化するとよく一致する相似な速度分布形となる．それらの壁近傍の流れの様子とは別に，円管の場合，速度分布を与える近似式として次式が示されている．

$$\frac{u}{u_{\max}} = \left(\frac{r}{R}\right)^{1/n} \tag{5.15}$$

ここで，n は定数である．

上式は指数法則（power law）と呼ばれ，$Re = u_m d/\nu \fallingdotseq 5 \times 10^3 \sim 8 \times 10^4$ の滑管の場合 $n=7$ と与えられる．そのときの速度分布式を，1/7乗則（one-seventh power law）という（5.3.2項，参照）．

1/7乗則：

$$\frac{u}{u_{\max}} = \left(\frac{r}{R}\right)^{1/7} \tag{5.16}$$

また，$u_{\max}$ と u_m との関係は，

$$u_{\max} \fallingdotseq 1.2 u_m \tag{5.17}$$

すなわち，円管内乱流の流れでの最大流速は平均流速の約1.2倍になる．

なお，乱流の場合の管内速度分布形は，流体の乱れによる半径方向への活発な混合の結果，層流の場合より平坦な分布形となる（図3.2）．

1/7乗則の他に円管の速度分布を表すものとして次に示す対数法則（logarithmic law）がある．

$$\frac{u}{u^+} = 5.75 \log_{10}\left(\frac{y u^+}{\nu}\right) + 5.5 = 2.5 \ln\left(\frac{y u^+}{\nu}\right) + 5.5 \tag{5.18}$$

ここで、y は管壁からの距離、u^+ は摩擦速度（friction velocity）であり、$u^+ = \sqrt{\dfrac{\tau_w}{\rho}} = \sqrt{2\lambda}\,\dfrac{u_m}{4}$，ここで、$\tau_w$ は壁面せん断応力、λ は滑管の摩擦損失係数である。

5.3 壁面近傍の流れ，境界層

物体の周りや管内などを流れる流体には、それらの壁面との間に摩擦による流動抵抗が生じる。それは流体の粘性、速度勾配に比例するので、物体近傍の流れの状態が重要になる。

流体の運動が粘性の影響を受けない（無視してもよい）場合、例えば、物体の遠方の流れ場など、には運動方程式中の粘性項を無視することができ流れを理想流体（第7章、参照）として取り扱うことが可能となる。

このようなことから、プラントル（Prandtl, 1903）は流れ場を流体の粘性の影響が大きな物体近傍の薄い層の領域と、その影響が無視できる外側の領域とに分けて取り扱うことを考え、物体近傍の薄い層の領域を境界層（boundary layer）と呼んだ。この領域では物体表面の法線（y）方向に大きな速度勾配（$\partial u/\partial y$）が存在するため流体の粘度が小さい場合でも摩擦応力を無視できなくなる。

境界層厚さ：

物体表面に沿う流れの速度分布 u は、図5.3に示すように物体表面上 $y=0$ で $u=0$、遠方で $u=U$ で0から U に漸近していく。その境は、いわゆる自由境界なので厳密にその位置を決めることは実際上困難である。そこで、一般に $u/U=0.99$ となる y の位置を境界と定義し、物体表面からその位置までの間を境界層と呼び、距離を境界層厚さ（boundary layer thickness）δ とする。

境界層の排除厚さ：

境界層の特性を表す別の量として、次の式で定義される排除厚さ（displacement thickness）δ^* がある。すなわち、

$$U\delta^* = \int_0^\delta (U-u)\,dy \tag{5.19}$$

排除厚さ δ^* は、図5.3に示すように斜線部分 a に等しい面積を b としたと

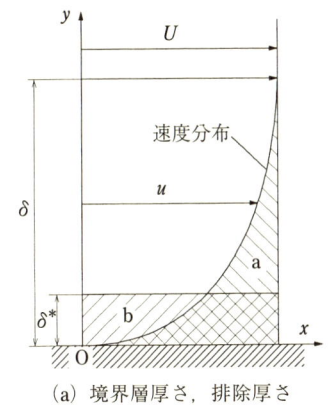

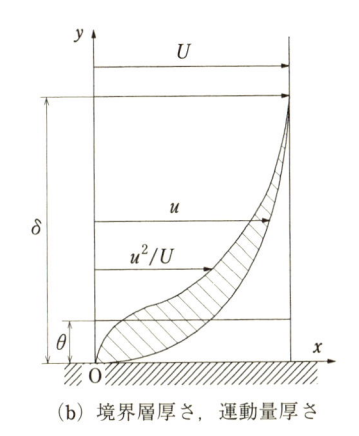

(a) 境界層厚さ，排除厚さ
(b) 境界層厚さ，運動量厚さ

図 5.3　境界層

きの大きさ（壁面からの距離）で，境界層の外の流線が境界層の形成により壁面から外の方へ押しやられる距離に相当する．

境界層の運動量厚さ：

流体と壁面との摩擦の結果，単位時間，単位深さ（z 方向）当たりの運動量の減少が厚さ θ の単位深さの部分を速度 U で通過する流体の運動量 $\rho U^2 \theta$ と等しいとしたときの θ を運動量厚さ（momentum thickness）という．すなわち，

$$\rho U^2 \theta = \rho \int_0^\delta u(U-u)\,\mathrm{d}y \tag{5.20}$$

ところで，運動量の減少は物体に作用する力に相当するので θ を使って流体の粘性によって生じる摩擦力（摩擦抵抗力）を求めることができる．

一般に δ を正確に求めることは困難なので，δ^* や θ を使って境界層を表記することがおこなわれる．また，境界層内の速度分布形は δ だけではわからないが，δ^* や θ がわかるとある程度それを推測することができる．

5.3.1　層流境界層

ここで，一様流中に流れに平行に置かれた平板上の流れを考える．平板の前縁（leading edge）から流体と壁面との間に作用する粘性せん断応力によって境界層が形成され下流に向かってその厚さが増加する（図 5.4，なお，図は y 方向

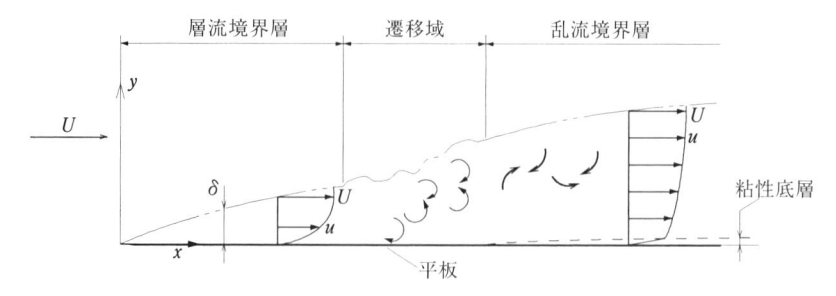

図 5.4 平板上の境界層

に拡大し模式的に書かれている).これは,また,5.1 節の円管の助走区間の流れに対応する.

平板の前縁から暫くの間には流れに大きな乱れが存在しないいわゆる層流境界層(laminar boundary layer)が形成されるが,その後流れの中の微小なかく乱が増幅し遷移域(transition region)を経て乱れの大きな乱流境界層(turbulent boundary layer)に至る.

なお,平板の場合,層流境界層から乱流境界層への遷移は,遷移(臨界)レイノルズ数 $Re_c = Ux/\nu \fallingdotseq 5 \times 10^5 \sim 10^6$ で生じる.

層流境界層に対する運動方程式(laminar boundary layer equation):

ところで,定常な層流境界層では y 方向の運動方程式の各項は x 方向に比較し,十分小さく,(境界層内の流れは壁面に拘束され y 方向に運動し難くなる),$\partial^2 u/\partial y^2 \gg \partial^2 u/\partial x^2$ なのでナビエ・ストークスの運動方程式 (5.5) は,次式のように簡単化される(境界層近似,boundary layer approximation).

$$\rho u \left(\frac{\partial u}{\partial x}\right) + v \left(\frac{\partial u}{\partial y}\right) = -\frac{\partial p}{\partial x} + \mu \left(\frac{\partial^2 u}{\partial y^2}\right) \tag{5.21}$$

ブラジウス(Blasius)は,上式から理論的に速度分布を求め,距離 x の位置での境界層厚さ δ,壁面せん断応力 τ_w,全長 l の平板の抵抗力 D,摩擦抵抗係数 C_f などに対する厳密解を求めた.

$$\delta/x = 4.91/Re_x^{1/2} \tag{5.22}$$

$$\tau_w = 0.664 Re_x^{-1/2} (\rho U^2/2) \tag{5.23}$$

$$D = 0.664 (\mu \rho U^3 l)^{1/2} \tag{5.24}$$

$$C_f = 1.328 Re_l^{-1/2} \tag{5.25}$$

なお，これらの結果は実験結果とよく一致する[11]．

5.3.2 乱流境界層

平板への流入速度 U，すなわち Re 数が大きくなると，前縁から乱流境界層が生じるものとして扱うと実際の結果をよく表す．乱流境界層の様子は層流のそれとは異なり速度分布をモデル的に記すと図 5.5 に示すように，平板のごく近傍に速度分布が直線的に変化する分子粘性力が支配的な粘性底層（viscous sub-layer）が，それと乱流域（turbulence region）との間に比較的強い乱れが存在するが分子粘性力も無視できない遷移域（buffer layer）が存在する．

なお，乱流域では運動量の交換は主に流れの中を不規則に運動する流体塊（fluid particle）によっておこなわれる．流体塊の混合による輸送効率は分子運動によるそれより遥かに大きくそれを表すのに渦粘性係数（eddy viscosity）といった概念を使う．

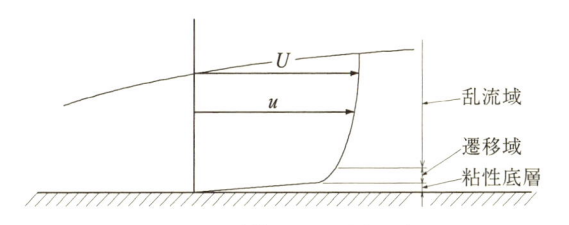

図 5.5 乱流境界層の速度分布

(1) 乱流境界層の記述，対数速度分布

乱流におけるせん断応力 τ を層流のそれ，すなわち分子粘性 ν と乱流運動によるもの ε_m との和として表すと，

$$\tau = \rho(\nu + \varepsilon_m)(\partial u/\partial y) \tag{5.26}$$

一般速度分布（universal velocity distribution）は，壁面せん断応力を用いた次の無次元量で表される．

$$\frac{u}{\sqrt{\tau_w/\rho}} \equiv u^+ \tag{5.27}$$

$$\sqrt{\tau_w/\rho}\left(\frac{y}{\nu}\right) \equiv y^+ \tag{5.28}$$

式 (5.27),(5.28) を用い $\tau \fallingdotseq$ 一定 とすると式 (5.26) は,

$$du^+ = \frac{dy^+}{1+\varepsilon_m/\nu} \tag{5.29}$$

いま,ε_m と ν との関係は,粘性底層では $\varepsilon_m \sim 0$,遷移域では $\varepsilon_m \sim \nu$,乱流域では $\varepsilon_m \gg \nu$ である.式 (5.29) から各領域での速度分布を求めると,

粘性底層:

$\varepsilon_m = 0$ として式 (5.29) を積分すると,

$$u^+ = y^+ + C \tag{5.30}$$

ここで,$y^+ = 0$ で $u^+ = 0$ なので積分定数は $C = 0$ となる.

$$u^+ = y^+ \tag{5.31}$$

すなわち,前記したように粘性底層での速度分布は直線分布となる.

乱流域:

乱流域では $\varepsilon_m/\nu \gg 1$ なので,

$$\frac{\partial u}{\partial y} = \frac{1}{k}\sqrt{\frac{\tau_w}{\rho}}\frac{1}{y} \tag{5.32}$$

ここで,k は実験定数である.
また,

$$\varepsilon_m = k\sqrt{\frac{\tau_w}{\rho}}\,y, \quad \text{あるいは} \quad \frac{\varepsilon_m}{\nu} = ky^+ \tag{5.33}$$

式 (5.30) を $\varepsilon_m/\nu \gg 1$ のもとに積分すると,

$$u^+ = (1/k)\ln y^+ + C \tag{5.34}$$

遷移域についても上式と同様の結果が得られ,実験結果との比較から例えば以下の関係を得る.

乱流境界層の対数速度分布:

$$
\begin{aligned}
&\text{粘性底層} &:& \quad 0 < y^+ < 5 &\quad& u^+ = y^+ \\
&\text{遷移域} &:& \quad 5 < y^+ < 30 &\quad& u^+ = 5.0\ln y^+ + 5 \\
&\text{乱流域} &:& \quad 30 < y^+ < 400 &\quad& u^+ = 2.5\ln y^+ + 5.5
\end{aligned}
\tag{5.35}
$$

これは,乱流境界層の一般速度分布とも呼ばれる (図 5.6).

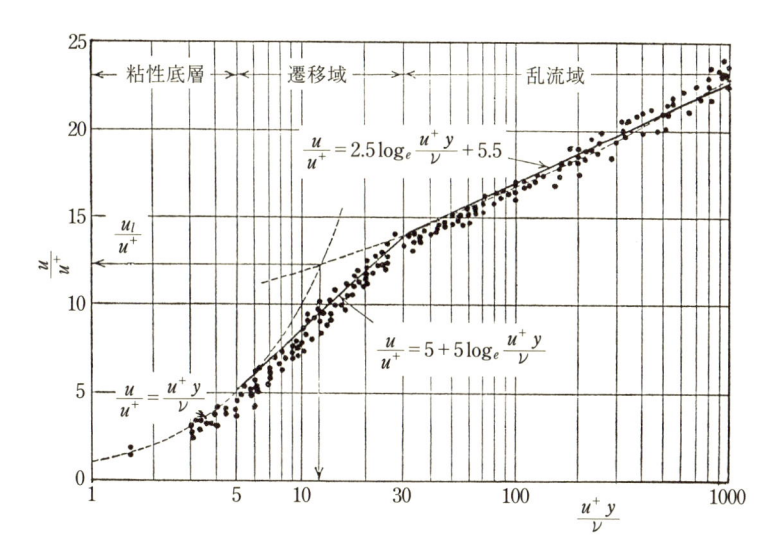

図5.6 乱流境界層の一般速度分布[10]

(2) 乱流境界層の摩擦抵抗

レイノルズ数の大きな流れが平板に流入する場合には一般に乱れが大きいなどのため，平板前縁から乱流境界層になると仮定して摩擦抵抗を求めると実験結果をよく表すことができる．

いま，平板前縁から乱流境界層が形成されると仮定し平板上の速度分布を1/7乗法則と対数法則とで表記した場合についてそれぞれ平板の摩擦抵抗などを求めることができるがここでは1/7乗法則を使った場合の結果のみを以下に示す．

一般に，1/7乗法則（5.2.2項，参照）

$$\frac{u}{U} = \left(\frac{y}{\delta}\right)^{1/7} \tag{5.36}$$

は，Re 数が比較的小さい $5\times10^5 < Re < 5\times10^6$ で乱流境界層の速度分布をよく表す．

$$\delta = 0.37\left(\frac{\nu}{U}\right)^{1/5}x^{4/5} = 0.37\left(\frac{\nu}{Ux}\right)^{1/5}x = 0.37\,Re_x^{-1/5}x \tag{5.37}$$

$$\tau_w = 0.0576 \left(\frac{\nu}{Ux}\right)^{1/5} \frac{\rho U^2}{2} \tag{5.38}$$

実際には,実験結果を参考に次式が使用される.

$$\tau_w = 0.0592 \left(\frac{\nu}{Ux}\right)^{1/5} \frac{\rho U^2}{2} \tag{5.39}$$

長さ l の平板(単位幅)に作用する摩擦抵抗は式(5.38)を用いると,

$$D = \int_0^l \tau_w \, dx = 0.072 \left(\frac{\nu}{Ul}\right)^{1/5} \frac{\rho U^2}{2} l \tag{5.40}$$

また,区間 $0 \sim l$ の摩擦抵抗係数 C_f は,

$$C_f = \frac{2D}{\rho U^2 l} = 0.072 \left(\frac{\nu}{Ul}\right)^{1/5} = 0.072 R^{-1/5} \tag{5.41}$$

実際には,実験結果を参考に次式が使用される.

$$C_f = 0.074 Re^{-1/5} \tag{5.42}$$

5.4 管摩擦による流動損失

5.4.1 管摩擦係数

流体が流れるための条件を直感的に考えてみると,高所から低所へ流れる,高圧地点から低圧地点へ流れる,外力によって強制的に流される,などがある.この中で,高圧地点から低圧地点へ流れる場合を考えると,その際,圧力の減少がどのように生じるかを理解する必要がある.水平な直管内を流れる流体の圧力が減少する理由は,流体と管壁面との摩擦により流体がエネルギーを失っていくことによる.

いま,内径 d の直管内を流体が十分発達した速度分布をもって平均速度 V で流れている(図5.7).このと

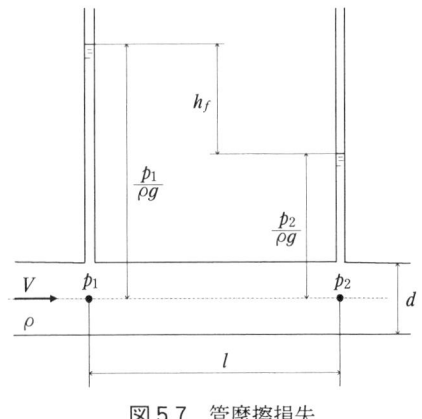

図5.7 管摩擦損失

き，区間 l を流れる間に圧力が p_1 から p_2 へ降下したとすると，摩擦による圧力損失 $\varDelta p$ は距離 l が長いほど，また管内径 d が小さいほど大きくなり，それは定数 λ と動圧 $\rho V^2/2$ を用いて次のように表すことができる（例題 5-1，参照）．

$$\varDelta p = p_1 - p_2 = \lambda \frac{l}{d} \frac{\rho V^2}{2} \tag{5.43}$$

ここで λ を管摩擦係数といい，λ はレイノルズ数（$Re = Vd/\nu$）と管壁粗さに依存する．上式は，流体が区間 l を流れる間にその速度エネルギー $\rho V^2/2$ のどれだけ（λ）が失われた（摩擦損失，$\varDelta p$）かを表している．管摩擦による損失ヘッド（loss of head）h_f は，

$$h_f = \frac{\varDelta p}{\rho g} = \lambda \frac{l}{d} \frac{V^2}{2g} \tag{5.44}$$

5.4.2 損失がある場合のベルヌーイの定理

理想流体の場合にはエネルギーが保存されるので，上流の速度 V_1，圧力 p_1，高さ z_1 と下流のそれら，V_2, p_2, z_2 との間で成り立つベルヌーイの定理は次のようになる（図 5.8）．

$$\frac{V_1^2}{2g} + \frac{p_1}{\rho g} + z_1 = \frac{V_2^2}{2g} + \frac{p_2}{\rho g} + z_2 \tag{5.45}$$

上流と下流で高さが等しく（$z_1 = z_2$），管径が等しい（すなわち，$V_1 = V_2$）場合には，

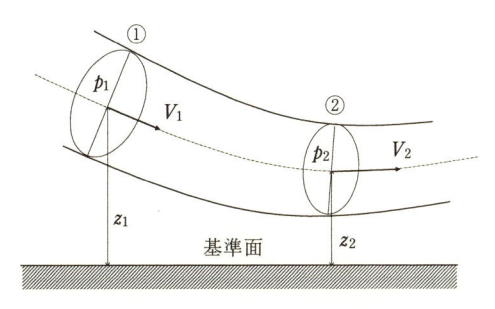

図 5.8 ベルヌーイの定理

$$\frac{p_1}{\rho g} = \frac{p_2}{\rho g} \quad \therefore p_1 = p_2 \tag{5.46}$$

となり，上流と下流で圧力が等しくなる．

つぎに，粘性流体（実在流体）の場合を考えてみる．粘性流体では流動の途中でエネルギー損失が生じ，下流の圧力が上流よりも低くなる．

つまり，粘性流体では速度 V，圧力 p，位置 z の三つの物理量だけではエネルギー保存則が成り立たない．そこで，失ったエネルギーヘッドを h とすると，式 (5.45) の右辺に失ったエネルギーを付加することにより，分子レベルの熱拡散を含めた系全体としてのエネルギー保存則が成り立つ．

$$\frac{V_1^2}{2g} + \frac{p_1}{\rho g} + z_1 = \frac{V_2^2}{2g} + \frac{p_2}{\rho g} + z_2 + h \tag{5.47}$$

ここで h は損失ヘッドで，摩擦による損失と流路断面形状の変化による損失の2種類に分類することができる．

なお，真直な円管の場合の摩擦損失ヘッド h_f は，式 (5.44) で示したとおりである．

また，流路断面形状の変化による損失は，流路断面積が急変したり曲がったりすると，流れが管壁面からはがれる（はく離，separation）あるいは流れ中に渦が発生して流れがなめらかに流れなくなるなどによって発生する．その際の損失ヘッド h_v は，

$$h_\mathrm{v} = \zeta \frac{V^2}{2g} \tag{5.48}$$

ここで，ζ は損失係数で，流路の拡大・縮小，曲りなどの様々な条件によって異なる値をとる．式 (5.48) 中の速度 V は，損失が発生する前後で速度が変化するときは一般に速い方の速度を用いる．例えば，流路拡大によって損失が発生するとき，連続の式より上流の速度は下流の速度よりも速いので，式 (5.48) の V に上流の速度を用いる．なお，摩擦と流路断面形状の変化との両方による損失を含むベルヌーイの式として，式 (5.47) は次のように書き換えられる．

$$\frac{V_1^2}{2g} + \frac{p_1}{\rho g} + z_1 = \frac{V_2^2}{2g} + \frac{p_2}{\rho g} + z_2 + h_\mathrm{f} + h_\mathrm{v} \tag{5.49}$$

上式は下流の流体のエネルギーヘッドは上流の流体のエネルギーヘッドより

も損失 h_f と h_v の分だけ減少することを意味している．

5.4.3 機械的なエネルギー変化がある場合のベルヌーイの定理

管路の途中に流体機械があり，それによってエネルギー変化がある場合には，式 (5.49) でこれらのエネルギー変化を考慮する必要がある（図 5.9）．機械的なエネルギー変化として，次の二つの場合が考えられる．すなわち，機械が流体にエネルギーを与える場合のヘッド H_P（ポンプ，送風機，など）と機械が流体のエネルギーを奪う場合のヘッド H_R（水車，風車，など）である．損失やエネルギー変化を含むベルヌーイの式は，

$$\frac{V_1^2}{2g} + \frac{p_1}{\rho g} + z_1 + H_P = \frac{V_2^2}{2g} + \frac{p_2}{\rho g} + z_2 + H_R + \sum h_f + \sum h_v \tag{5.50}$$

上式の左辺は上流の流体のエネルギーヘッドと機械による流体エネルギーの増加を示し，右辺は下流の流体のエネルギーヘッドと流動中の損失 h_f と h_v と機械による流体エネルギーの減少を示している．

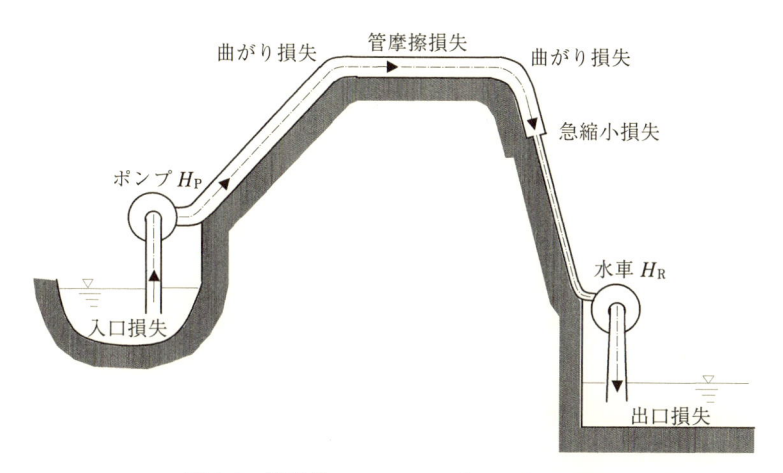

図 5.9　機械的なエネルギー変化を含む管路

5.4.4 滑らかな管の管摩擦係数の実用公式

滑らかな円管内の十分に発達した速度分布をもつ流れについて，管摩擦係数 λ とレイノルズ数 Re との関係を実験的に求めたものが図 5.10 である．λ の変

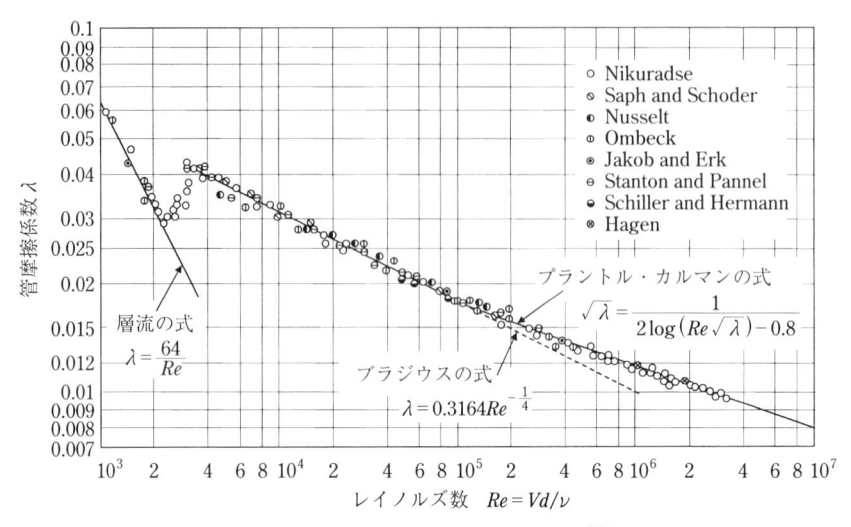

図5.10 滑らかな円管の管摩擦係数[20]

化の傾向から以下の三つの状態に分類することができる．

（1）層流の管摩擦係数

$Re < 2300$ の層流状態で，管摩擦係数 λ は次のようにレイノルズ数 Re に反比例する．

$$\lambda = \frac{64}{Re} \tag{5.51}$$

（2）遷移域の管摩擦係数

層流と乱流の境目となる $Re \fallingdotseq 2300$ 近傍の領域は遷移域といわれ，流れの状態が不安定であり公式を求めるのは困難である．

（3）乱流の管摩擦係数

レイノルズ数 Re の範囲や提案者の評価により，次のように管摩擦係数 λ を求める公式は幾つかある．

ブラジウス（Brasius）の式

$$\lambda = 0.3164 Re^{-1/4} \quad (Re = 3 \times 10^3 \sim 1 \times 10^5) \tag{5.52}$$

ニクラーゼ（Nikuradse）の式

$$\lambda = 0.0032 + 0.221 Re^{-0.237} \quad (Re = 1 \times 10^5 \sim 3 \times 10^6) \tag{5.53}$$

プラントル・カルマン（Prandtl-Kármán）の式

$$\sqrt{\lambda} = \frac{1}{2\log(Re\sqrt{\lambda}) - 0.8} \quad \text{または}$$

$$\frac{1}{\sqrt{\lambda}} = 2\log\frac{Re\sqrt{\lambda}}{2.52} \quad (Re = 1\times 10^5 \sim 1\times 10^7) \tag{5.54}$$

5.4.5 粗い管の管摩擦係数の実用公式

様々な表面粗さの管内の十分に発達した速度分布をもつ流れについて管摩擦係数 λ とレイノルズ数 Re との関係を実験的に求めたものが図 5.11 である．この場合，表面粗さはある程度の大きさの砂粒を管壁に張り付けることによって実現された（砂粒粗面）．

Re 数が小さい領域では滑らかな管の場合と同様に $\lambda = 64/Re$ に良く合うことがわかる．すなわち，層流状態では粘性が支配的なので粗さによる乱れが粘性によって消散されるため粗さの影響が表れず，滑らかな管内の層流の場合と同様な結果となる．

Re 数が比較的小さい領域の乱流でも管摩擦係数 λ は滑らかな管と同様な結果となる．これは Re 数が小さいため粘性底層（5.3.2，参照）が厚く粗さの突起が粘性底層内に埋まり，粗さによって発生した乱れが粘性底層内で減衰しその影響が表れないことによる．このように乱れが発生しても減衰し，滑らかな管と同様な状態に戻る場合を流体力学的に滑らかな面という．

Re 数が大きな乱流の λ は，粗さ ε を管内径 d で無次元化した相対粗さ ε/d によってその値が異なる．これは，Re 数が大きいため粘性底層が薄く粗さの突起が粘性底層から突き出て，突起によって流れが撹乱されそれによって速度分布が定まることによる．そのため，管摩擦係数 λ はレイノルズ数 Re に無関係になり相対粗さ ε/d のみに依存する．このような粗面を，流体力学的に完全粗面という．

（1）流体力学的に完全粗面な管摩擦係数の公式

流体力学的に完全粗面な管の管摩擦係数 λ を求める式についてはニクラーゼが粒径のそろった砂を管壁全体に貼り付けて圧力損失を測定した（図 5.11）．図では管壁の相対粗さを砂の平均粒径 ε と管内径 d の比によって表している．

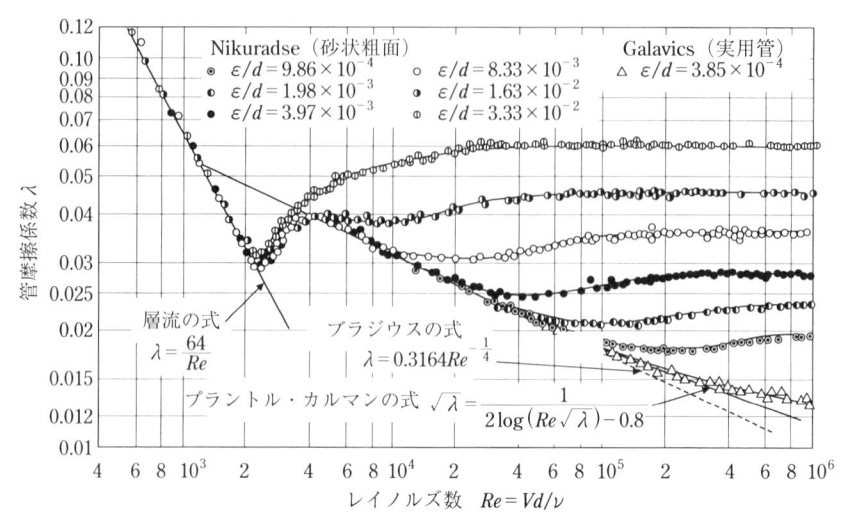

図5.11 粗い円管の管摩擦係数[2)]

（グラフ中の式）
- 層流の式: $\lambda = \dfrac{64}{Re}$
- ブラジウスの式: $\lambda = 0.3164 Re^{-\frac{1}{4}}$
- プラントル・カルマンの式: $\sqrt{\lambda} = \dfrac{1}{2\log(Re\sqrt{\lambda}) - 0.8}$

凡例:
Nikuradse（砂状粗面）
- $\varepsilon/d = 9.86 \times 10^{-4}$
- $\varepsilon/d = 1.98 \times 10^{-3}$
- $\varepsilon/d = 3.97 \times 10^{-3}$
- $\varepsilon/d = 8.33 \times 10^{-3}$
- $\varepsilon/d = 1.63 \times 10^{-2}$
- $\varepsilon/d = 3.33 \times 10^{-2}$

Galavics（実用管）
- $\varepsilon/d = 3.85 \times 10^{-4}$

縦軸: 管摩擦係数 λ
横軸: レイノルズ数 $Re = Vd/\nu$

表5.1 等価粗さ[2)]

管の種類	等価粗さ ε [mm]
引抜き管	0.00162
継目なし鋼管	0.02〜0.06
亜鉛引き鋼管	0.10〜0.16
溶接鋼管	0.04〜0.10
鋳鉄管	0.2〜0.6
リベット継鋼管	1.0〜9.0
コンクリート管	0.3〜3.0

　図5.11をまとめると次のニクラーゼの完全粗面の式が得られ多く使われている．

$$\frac{1}{\sqrt{\lambda}} = 2.0\log\frac{d}{\varepsilon} + 1.14 \quad\quad \text{ただし，} Re\sqrt{\lambda} \geq 200\frac{d}{\varepsilon} \tag{5.55}$$

上式で ε は等価粗さといわれ，粒のそろった一様な砂粒粗面の場合には平均粒径に等しいが，粗さ要素の形状や大きさがばらついていたり粗さの壁面分布の状態が不均一であるときには，粗さの突起の高さや粗さの分布密度などによって決められる．表5.1に様々な管の等価粗さの値を示す．

（2）流体力学的に滑らかな状態から完全粗面へ移行する領域の公式

実用上の視覚的に滑らかあるいは一様な細かな粗さ分布をもつ管では，流体力学的に滑らかな状態から完全粗面へ移行する領域においては，ニクラーゼの砂粒粗面の場合と異なり，次のコールブルック（Colebrook）の公式が用いられる．

$$\frac{1}{\sqrt{\lambda}} = -2\log\left(\frac{\varepsilon/d}{3.71} + \frac{2.51}{Re\sqrt{\lambda}}\right) \tag{5.56}$$

（3）ムーディ線図

完全粗面の式（5.55）と滑らかな状態から完全粗面へ移行する状態の式（5.56）を用いて，λ，Re 数，等価粗さ ε の関係をまとめた線図をムーディ線図（Moody diagram）という（図5.12）．ε と Re 数がわかれば，この線図を用いて λ を求めることができる．

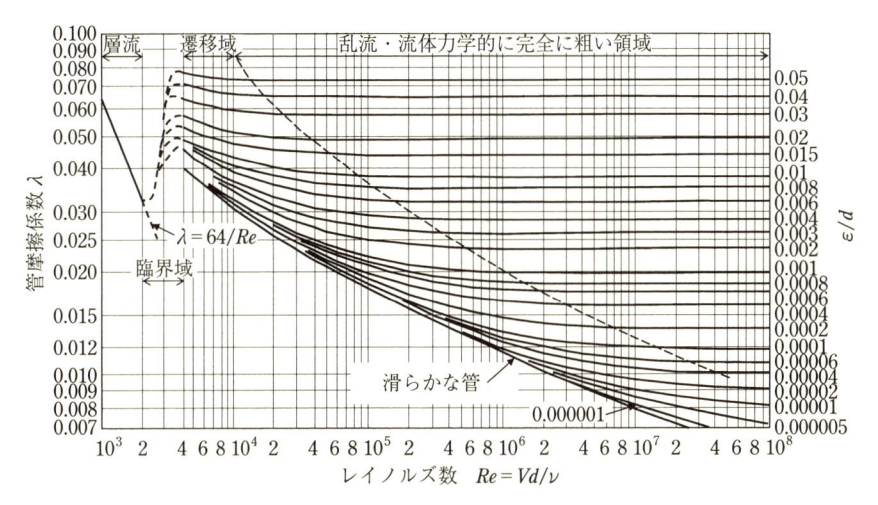

図5.12 ムーディ線図[8]

5.4.6 円形断面以外の管の摩擦損失

これまでは円管内の流れについて説明したが，断面が四角形などの管路も実用上は存在する．しかし，四角形などの断面の管に対する実験データは少ないため円形断面の管の実験データを利用して，様々な断面形状の管に適用するの

が好都合である．流体と管壁面が接触する面積は摩擦損失に影響し，管断面積は流体の慣性力による流れ易さの目安となる．そのため，これらの比として水力平均深さ（hydraulic mean depth）m を次のように定義する．

$$m = \frac{A}{s} \tag{5.57}$$

ここで A は管内の流体部分の断面積，s は流体と接している管断面の周長（ぬれ縁長さ）である．

（1）四角形断面の場合

管断面が幅 b，高さ h の四角形管路の場合，

$$m = \frac{bh}{2(b+h)} \tag{5.58}$$

（2）三角形断面の場合

管断面が底辺 b，高さ h の三角形管路の場合，

$$m = \frac{\frac{1}{2}bh}{b + 2\sqrt{\left(\frac{b}{2}\right)^2 + h^2}} = \frac{bh}{2(b + \sqrt{b^2 + 4h^2})} \tag{5.59}$$

（3）円形断面の場合

管断面が内径 d の円形管路の場合，

$$m = \frac{\frac{\pi}{4}d^2}{\pi d} = \frac{d}{4} \quad \therefore \ d = 4m \tag{5.60}$$

上式は，水力平均深さ m を円管直径 d に換算する式なので，$4m$ を水力直径（hydraulic diameter）という．式（5.60）を用いると，管摩擦損失ヘッド h_f と Re 数は次のようになる．

$$h_\mathrm{f} = \lambda \frac{l}{d}\frac{V^2}{2g} = \lambda \frac{l}{4m}\frac{V^2}{2g} \tag{5.61}$$

$$Re = \frac{Vd}{\nu} = \frac{4mV}{\nu} \tag{5.62}$$

これらの式を用いると，任意断面形状の水力直径 $4m$ を用いて任意の断面形

状の管摩擦損失ヘッドや Re 数を求めることができる．なお，水力直径を用いた計算は層流には適用できない．また，乱流には使えるが厳密には正しくないことに注意を要する．

（4）自由表面流れの場合

液体と気体が接する自由表面が存在する流れの場合（第6章，参照）には，液体部分の断面積 A と液体が壁面と接している周長（ぬれ縁長さ）s を用いて水力平均深さを求める．例えば，図5.13に示すように，四角形水路の幅 b，高さ h の部分に水が流れていて，上面が大気に開放されている場合（開きょ，open channel），m は次のようになる．

$$m = \frac{bh}{b+2h} \tag{5.63}$$

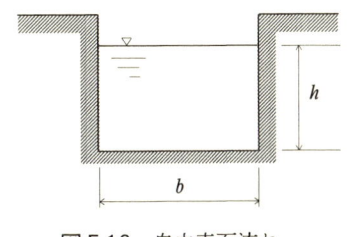

図5.13　自由表面流れ

このとき自由表面の部分は m を求める計算には含めない．

5.5　管路系における流動損失

5.5.1　水力勾配線およびエネルギー勾配線

初めの位置ヘッドが z_0 のとき，損失ヘッド h を含んだベルヌーイの式は式(5.47)から，

$$z_0 = \frac{V^2}{2g} + \frac{p}{\rho g} + z + h \tag{5.64}$$

ここで h は摩擦損失と流路形状の変化による損失を含み，

$$h = \sum \lambda \frac{l}{d} \frac{V^2}{2g} + \sum \zeta \frac{V^2}{2g} \tag{5.65}$$

いま，図5.14のように流路の側壁に孔を開けガラス管を立てたときに，ガラス管の水面を結んだ線は圧力ヘッドと位置ヘッドの和（$z+p/\rho g$）を結んだ線に等しくなる．したがって式(5.64)から，

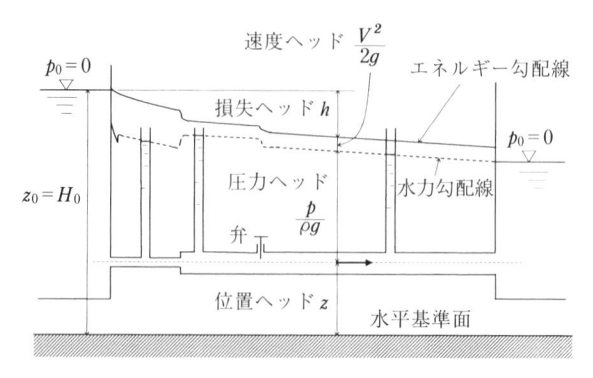

図5.14 水力勾配線とエネルギー勾配線

$$z + \frac{p}{\rho g} = z_0 - \frac{V^2}{2g} - h \tag{5.66}$$

これを水力勾配線(hydraulic grade line)という．また，流体の持っている全ヘッドを結んだ線をエネルギー勾配線(energy grade line)といい，

$$z + \frac{p}{\rho g} + \frac{V^2}{2g} \tag{5.67}$$

に等しい．したがって，水力勾配線はエネルギー勾配線よりも速度ヘッド分だけ小さい．

5.5.2 断面積変化による流動損失

(1) 管路断面が急に拡大する場合(急拡大損失)

図5.15のように，断面①で，直径 d の管が直径 D に急拡大する場合(sudden expansion)を考える．断面①の直後では管角部で流れがよどんだり渦巻いたりする．これより下流の断面で流れは再度壁面に付着しある程度下流の断面②で管に沿って流れるようになる．なお，角部での流れは，主流からエネルギーを供給され渦巻くことになる．したがって，主流にとっては渦の形成によってエネルギーを奪われることになる．いま，点線で囲まれた検査体積を考え断面①および②での速度を V_1, V_2，圧力を p_1, p_2 とすると，①と②の間で急拡大により損失ヘッド h_v が生じる場合のベルヌーイの式は，

5.5 管路系における流動損失

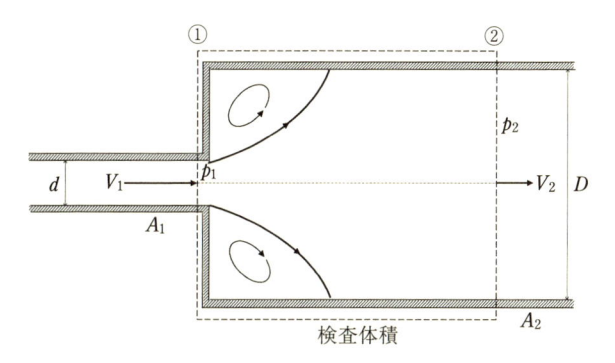

図5.15 急拡大損失

$$\frac{V_1^2}{2g} + \frac{p_1}{\rho g} = \frac{V_2^2}{2g} + \frac{p_2}{\rho g} + h_v \quad \therefore \quad h_v = \frac{V_1^2 - V_2^2}{2g} + \frac{p_1 - p_2}{\rho g} \tag{5.68}$$

管角部でよどんだり渦巻いたりする流体はほとんど静止していると考えると，この領域での圧力は断面①と同じ圧力 p_1 と考えられる．断面①と②で運動量の定理を用いると，

$$p_1 A_1 - p_2 A_2 + p_1 (A_2 - A_1) = \rho Q V_2 - \rho Q V_1$$

$$\therefore \quad p_1 \frac{\pi}{4} d^2 - p_2 \frac{\pi}{4} D^2 + p_1 \left(\frac{\pi}{4} D^2 - \frac{\pi}{4} d^2 \right) = \rho \frac{\pi}{4} D^2 V_2^2 - \rho \frac{\pi}{4} d^2 V_1^2$$

$$\therefore \quad p_1 - p_2 = \rho V_2^2 - \rho \frac{d^2}{D^2} V_1^2$$

$$\therefore \quad \frac{p_2 - p_1}{\rho g} = \frac{1}{g} \left(\frac{d^2}{D^2} V_1^2 - V_2^2 \right)$$

$$= \frac{1}{g} \left(\frac{V_2}{V_1} \cdot V_1^2 - V_2^2 \right) \quad \left(\because \text{連続の式から，} \frac{A_1}{A_2} = \frac{d^2}{D^2} = \frac{V_2}{V_1} \right)$$

$$= \frac{V_1 V_2 - V_2^2}{g} \tag{5.69}$$

これを式 (5.68) へ代入すると，

$$h_v = \frac{V_1^2 - V_2^2}{2g} - \frac{V_1 V_2 - V_2^2}{g} = \frac{(V_1 - V_2)^2}{2g} \tag{5.70}$$

厳密に考えると，渦領域での圧力は一定値とはならないので係数 ξ を考慮し，

$$h_v = \xi \frac{(V_1 - V_2)^2}{2g} \tag{5.71}$$

しかしながら，実験によると $\xi \fallingdotseq 1$ が確認されている．損失が発生する前後で速度が変化するときには速い方の速度を用いるので，急拡大の場合 V_1 を基準として損失を考える．

$$h_v = \zeta \frac{V_1^2}{2g} \tag{5.72}$$

ここで ζ は，急拡大の損失係数である．式 (5.71) と式 (5.72) を等しくおくと，

$$\xi \frac{(V_1 - V_2)^2}{2g} = \zeta \frac{V_1^2}{2g}$$

$$\therefore \zeta = \xi \frac{(V_1 - V_2)^2}{V_1^2} = \xi \left(1 - \frac{V_2}{V_1}\right)^2 = \xi \left(1 - \frac{A_1}{A_2}\right)^2 \tag{5.73}$$

急拡大損失の特別な例として，十分大きな容器へ管路内流れが放出される場合（図 5.16）の出口損失がある．この場合は，急拡大損失で $A_2 \to \infty$ とした場合に対応する．したがって，式 (5.73) より，

$$\zeta = \xi \left(1 - \frac{A_1}{\infty}\right) = \xi \fallingdotseq 1.0 \tag{5.74}$$

つまり，流体の運動エネルギーが全て損失として消費される．

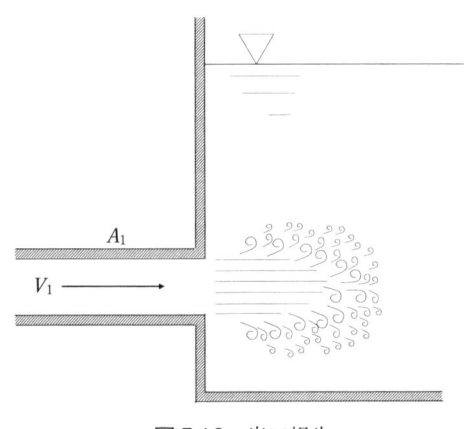

図 5.16　出口損失

（2）管路断面が急に縮小する場合（急縮小損失）

図 5.17 のように断面 ① で断面積 A_1 の管が断面積 A_2 の管に接続され，管路断面積が急縮小する場合（sudden contraction）を考える．断面 ① の角部直後では流れがよどんだり渦巻いたりし，その下流で流れは再度壁面に付着しある程度下流の断面 ② で管に沿って流れるようになる．角部直後の縮流部 ⓒ と下流部 ② との間の流れは急拡大損失と同じ形状をしているので式 (5.71) より縮流部 ⓒ と下流部 ② との間の損失ヘッド h_2 は，

$$h_2 = \frac{(V_c - V_2)^2}{2g} = \frac{V_2^2}{2g}\left(\frac{V_c}{V_2} - 1\right)^2 = \frac{V_2^2}{2g}\left(\frac{A_2}{A_c} - 1\right)^2 \tag{5.75}$$

上流部 ① と縮流部 ⓒ との間に生ずる損失ヘッド h_1 は，

$$h_1 = \zeta' \frac{V_2^2}{2g} \tag{5.76}$$

しかし急縮小流れでは，V_1 は V_2 よりもかなり小さいので $V_2^2 \gg V_1^2$ となる．つまり ①，ⓒ 間の流体の運動エネルギーは，ⓒ，② 間のそれよりかなり小さい．したがって，$h_1 \ll h_2$ となり h_1 は無視できる．ゆえに，①，② 間の損失ヘッド h_v は，

$$h_v = h_1 + h_2 \fallingdotseq h_2 \tag{5.77}$$

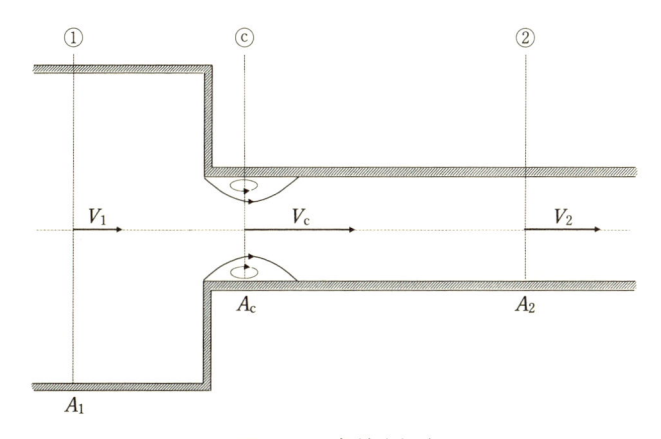

図 5.17　急縮小損失

$$h_v = \frac{V_2^2}{2g}\left(\frac{A_2}{A_c} - 1\right)^2 = \zeta \frac{V_2^2}{2g}$$

$$\therefore \zeta = \left(\frac{A_2}{A_c} - 1\right)^2 \tag{5.78}$$

ここで C_c を収縮係数と定義し，$A_c/A_2 = C_c < 1.0$ とおくと，

$$\zeta = \left(\frac{1}{C_c} - 1\right)^2 \tag{5.79}$$

したがって ζ は C_c によって決まり，C_c は角部の鋭さなどによって決まる．また，大きな容器から管路へ流入する場合にも流れは急に縮流するために損失が発生する．このときには管入口部分の形状によって損失係数が大きく異なる．以上のように急縮小流れには様々な要因が複雑に関係しているので ζ を理論的に求めることは困難であり，一般に実験値が用いられる．表5.2に，C_c と ζ の実験値を，図5.18に種々の管入口形状に対する入口損失係数 ζ の実験値を示す．図5.18 (f) の式中の ζ の値は入口形状が異なれば，それに相当する損失係数の値を用いる．

表5.2 急縮小損失[2]

A_2/A_1	0.1	0.2	0.3	0.4	0.5	0.6	0.7	0.8	0.9	1.0
C_c	0.61	0.62	0.63	0.65	0.67	0.70	0.73	0.77	0.84	1.00
ζ	0.41	0.38	0.34	0.29	0.24	0.18	0.14	0.086	0.036	0

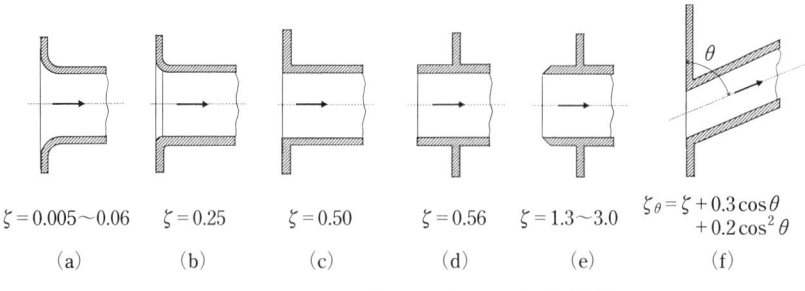

(a) $\zeta = 0.005 \sim 0.06$
(b) $\zeta = 0.25$
(c) $\zeta = 0.50$
(d) $\zeta = 0.56$
(e) $\zeta = 1.3 \sim 3.0$
(f) $\zeta_\theta = \zeta + 0.3\cos\theta + 0.2\cos^2\theta$

図5.18 管入口形状と損失係数[2,8]

[例題 5-2] 管路の損失

図5.19のように二つのタンクが水平面からの角度30°でつながれている．上流の管の直径は $d_1 = 300$ mm で管摩擦係数は $\lambda = 0.015$，下流の管の直径は $d_2 = 200$ mm で管摩擦係数は $\lambda = 0.02$ である．入口 A，出口 C および急縮小部 B での損失係数がそれぞれ $\zeta_A = 0.6$，$\zeta_C = 1.0$，$\zeta_B = 0.27$ であるとし，上流の管内の速度 V_1 を求めなさい．

（解）

この場合，連続の式から下流の管内の速度 V_2 を V_1 を用いて表すと，

$$V_2 = \left(\frac{d_1}{d_2}\right)^2 V_1 \tag{1}$$

上流タンクの液面と下流タンクの液面の間で，損失を考慮したベルヌーイの式を用いると，

$$\frac{p_1}{\rho g} + h_1 = \frac{p_2}{\rho g} + h_2 + \lambda_1 \frac{l_1}{d_1}\frac{V_1^2}{2g} + \lambda_2 \frac{l_2}{d_2}\frac{V_2^2}{2g} + \zeta_A \frac{V_1^2}{2g} + \zeta_B \frac{V_2^2}{2g} + \zeta_C \frac{V_2^2}{2g} \tag{2}$$

出口の圧力は大気圧なので，上式で $p_1 = p_2$ として

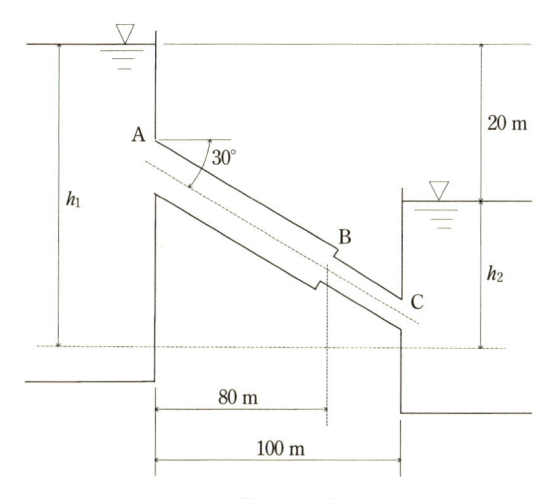

図5.19 断面積が変化する管

$$h_1 - h_2 = \left\{ \lambda_1 \frac{l_1}{d_1} + \zeta_A + \left(\frac{d_1}{d_2}\right)^4 \left(\lambda_2 \frac{l_2}{d_2} + \zeta_B + \zeta_C \right) \right\} \frac{V_1^2}{2g}$$

$$20[\mathrm{m}] = \left\{ 0.015 \times \frac{80[\mathrm{m}]/\cos 30°}{0.3[\mathrm{m}]} + 0.6 + \left(\frac{0.3[\mathrm{m}]}{0.2[\mathrm{m}]}\right)^4 \times \right.$$

$$\left. \left(0.02 \times \frac{20[\mathrm{m}]/\cos 30°}{0.2[\mathrm{m}]} + 0.27 + 1.0 \right) \right\} \times \frac{V_1^2}{2 \times 9.807[\mathrm{m}^2/\mathrm{s}]} \tag{3}$$

したがって，
$$V_1 = 4.098 \ [\mathrm{m/s}] \tag{4}$$

(3) 管路断面が緩やかに広がる場合(ディフューザ損失)

緩やかに広がる管路をディフューザ (diffuser) といい，いま，その損失を考える (図 5.20)．理想流体を考えた場合のベルヌーイの式は，

$$\frac{p_1}{\rho g} + \frac{V_1^2}{2g} = \frac{p_2'}{\rho g} + \frac{V_2^2}{2g}$$

したがって，理論的な圧力 p_2' は，

$$p_2' - p_1 = \frac{\rho}{2}(V_1^2 - V_2^2) = \frac{\rho}{2} V_1^2 \left(1 - \frac{V_2^2}{V_1^2}\right) = \frac{\rho}{2} V_1^2 \left\{1 - \left(\frac{A_1}{A_2}\right)^2\right\} \tag{5.80}$$

しかし実際には，下流での圧力は管摩擦や広がりによる渦の発生などによる損

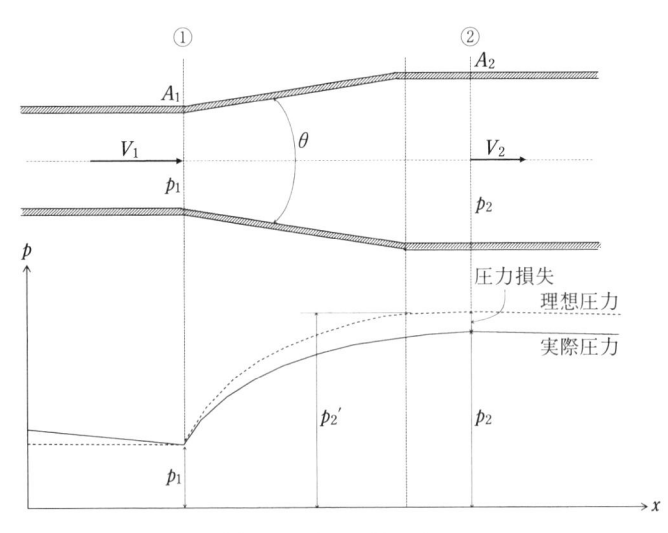

図 5.20 緩やかな広がり管の流れと圧力損失

失のため p_2' まで上昇しない．実際の圧力を p_2 とすると，実際の圧力上昇と理論的なそれとの比は，

$$\eta = \frac{p_2 - p_1}{p_2' - p_1} = \frac{p_2 - p_1}{\frac{\rho}{2} V_1^2 \left\{ 1 - \left(\frac{A_1}{A_2}\right)^2 \right\}} \tag{5.81}$$

この η を広がり管効率あるいは圧力回復率という．理論値と実際値との差による圧力損失を損失ヘッド h_v で表わすと，

$$p_2' - p_2 = \rho g h_v \tag{5.82}$$

この h_v を急拡大損失と同様に定義すると，損失が発生する前後での速い方の速度 V_1 を用いて，

$$h_v = \xi \frac{(V_1 - V_2)^2}{2g} = \zeta \frac{V_1^2}{2g} \tag{5.83}$$

式 (5.81) より，

$$1 - \eta = 1 - \frac{p_2 - p_1}{p_2' - p_1} = \frac{(p_2' - p_1) - (p_2 - p_1)}{p_2' - p_1} = \frac{\rho g h_v}{p_2' - p_1}$$

式 (5.80) および式 (5.83) を用いると，

$$1 - \eta = \frac{\rho g \xi \frac{(V_1 - V_2)^2}{2g}}{\frac{\rho}{2} V_1^2 \left\{ 1 - \left(\frac{A_1}{A_2}\right)^2 \right\}} = \xi \frac{(V_1 - V_2)^2}{V_1^2 \left\{ 1 - \left(\frac{A_1}{A_2}\right)^2 \right\}} = \xi \frac{\left(1 - \frac{V_2}{V_1}\right)^2}{1 - \left(\frac{A_1}{A_2}\right)^2}$$

$$= \xi \frac{\left(1 - \frac{A_1}{A_2}\right)^2}{1 - \left(\frac{A_1}{A_2}\right)^2} = \xi \frac{1 - \frac{A_1}{A_2}}{1 + \frac{A_1}{A_2}} \tag{5.84}$$

したがって，

$$\xi = (1 - \eta) \frac{1 + \frac{A_1}{A_2}}{1 - \frac{A_1}{A_2}} \tag{5.85}$$

広がり角 θ が小さい場合は流れははく離しないが，圧力回復に長い距離を必要とするため管摩擦損失が大きくなり，結果として損失ヘッド h_v が大きくなる（図 5.21）．一方，広がり角 θ が大きい場合は圧力回復までの距離が短いた

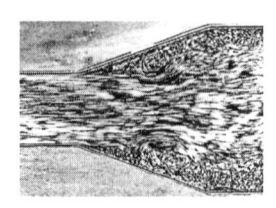

(水, 流速 15〜20 cm/s,
入口流路幅 600 mm,
広がり角 20°, トレーサ法)[9]

(a) 広がり角が小さい
    はく離しない

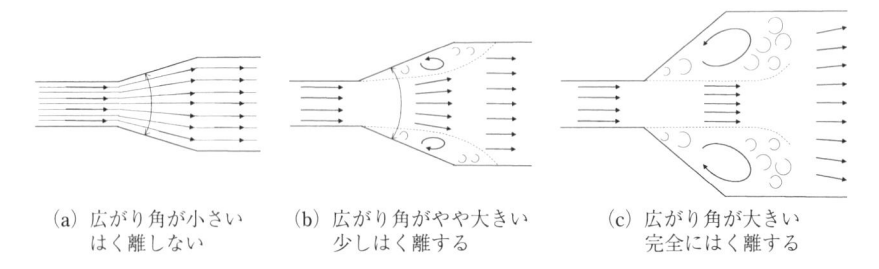

(b) 広がり角がやや大きい
    少しはく離する

(c) 広がり角が大きい
    完全にはく離する

図 5.21 広がり角の増加にともなう広がり管内の流れの変化

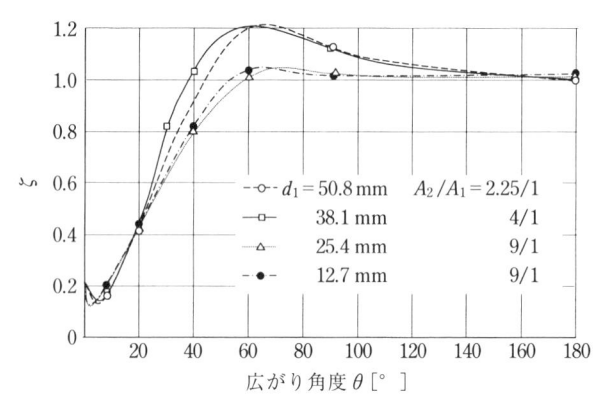

図 5.22 緩やかに広がる円管の損失係数[2]

め管摩擦損失は小さくなるが，広がり部で流れがはく離しやすくなり，結果として h_v が大きくなる．したがって，管摩擦損失とはく離の兼ね合いで h_v が最も小さくなる最適な広がり角 θ が存在する．一般的には，$\theta=6\sim8°$ が最適である（図 5.22）．

5.5.3 曲がり管の流動損失

(1) ベンド

曲がった管の中でも曲がり部が曲線形状になっている（とがっていない）管路をベンド (bend) という．いま，円形断面のベンドを考える（図 5.23）．流体がベンドによって急に曲がると流体に遠心力が作用する．それによりベンド内側後半部で流れがはく離するとともに，断面内に二次流れ (secondary flow) が発生する．そのため，流れが撹乱されることにより損失が生じる．全損失ヘッドを h とすると，管摩擦による損失ヘッド $\lambda \dfrac{l}{d} \dfrac{V^2}{2g}$ と曲がりの撹乱による損失ヘッド $\zeta_b \dfrac{V^2}{2g}$ により，

$$h = \zeta \frac{V^2}{2g} = \left(\lambda \frac{l}{d} + \zeta_b\right)\frac{V^2}{2g} \tag{5.86}$$

曲率半径 R，内径 d の円形断面曲がりベンドの撹乱による損失係数 ζ_b は，ワイスバッハ (Weisbach) の式（90°ベンドのみ）によって与えられる．

$$\zeta_b = 0.131 + 0.163\left(\frac{d}{R}\right)^{3.5} \quad \left(0.5 < \frac{R}{d} < 2.5\right) \tag{5.87}$$

曲率半径 R の長方形断面のベンドについては次の実験式（90°ベンドのみ）

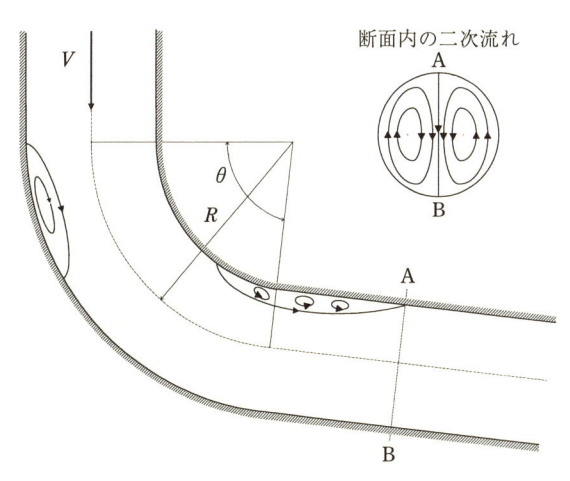

図 5.23 ベンドの流れ

がある．

$$\zeta = C_1\left(\frac{R}{h}\right) + C_2\left(\frac{R}{h}\right)^{-2} \quad \left(1.5 < \frac{R}{h} < 4.0\right) \tag{5.88}$$

ただし，C_1 と C_2 は b/h の関数である（図5.24）．

ベンドにおける損失の原因が二次流れにあるため，二次流れを抑制するように案内羽根を挿入し損失を低減する方法がある（図5.25）．案内羽根により流れが拘束され，遠心力による流れのゆがみが小さくなり損失が減少する．

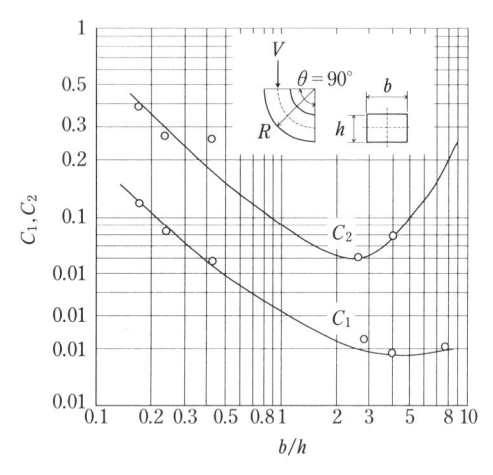

図5.24　長方形断面ベンドの係数[15]

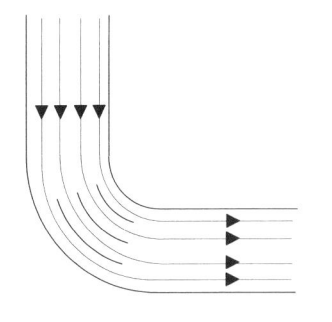

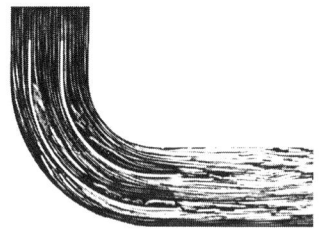

（水，流速 10 cm/s，流路幅 20 mm，$Re = 2 \times 10^3$，表面浮遊法）[9]

図5.25　案内羽根

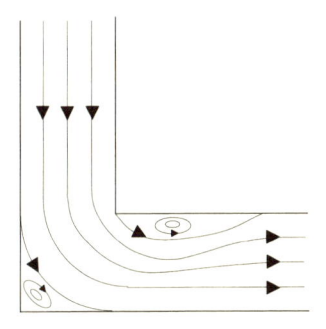

（水，流速 10 cm/s，流路幅 20 mm，$Re = 2 \times 10^3$，表面浮遊法）[9]

図 5.26　エルボの流れ

（2）エルボ

曲がり部が角になっている管路をエルボ（elbow）という（図 5.26）．エルボは流れの急激な方向変化により，ベンドよりもはく離領域が増大する．エルボによる損失ヘッド h_v は，

$$h_v = \zeta \frac{V^2}{2g} \tag{5.89}$$

損失係数 ζ は管断面形状，管内面粗さ，曲がり角度などによって異なる．円管のエルボについてのワイスバッハの式は，

$$\zeta = 0.946 \sin^2\left(\frac{\theta}{2}\right) + 2.05 \sin^4\left(\frac{\theta}{2}\right) \tag{5.90}$$

ここで，θ は曲がり部の角度（直管では $\theta = 0°$）である．

5.5.4　弁の流動損失

弁（valve）は，管路に損失ヘッド h_v を生じさせて流量を制御する装置である．損失ヘッド h_v は次のようになる．

$$h_v = \zeta \frac{V^2}{2g} \tag{5.91}$$

弁には仕切弁（sluice valve），玉形弁（glove valve），蝶形弁（butterfly valve）およびコック（cock）などがあり，いずれも実験値である損失係数 ζ は表あるいは図が用意されている（図 5.27〜5.30，表 5.3〜5.6）．

図 5.27 仕切弁

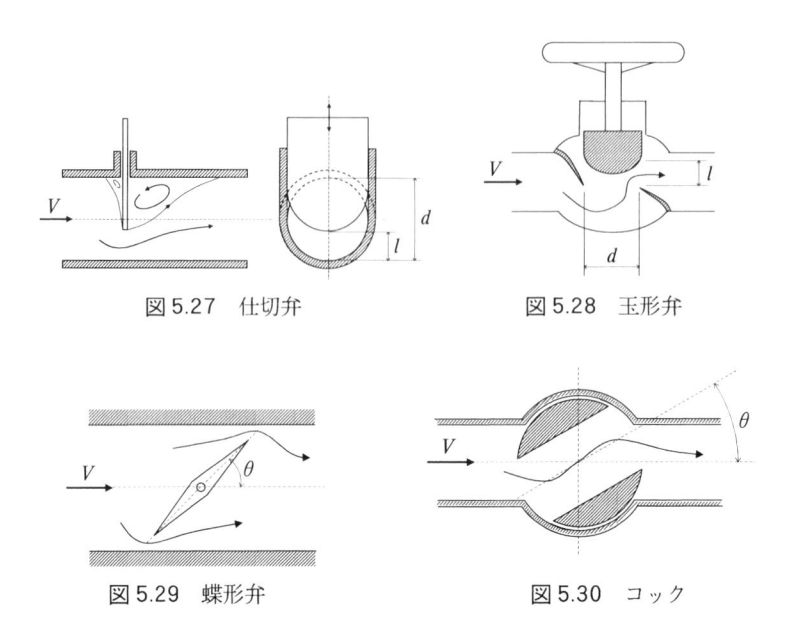

図 5.28 玉形弁

図 5.29 蝶形弁

図 5.30 コック

表 5.3 仕切弁の損失係数（$d = 25.4$ mm）[8]

l/d	1/8	1/4	3/8	1/2	3/4	1
ζ	211	40.3	10.15	3.54	0.882	0.233

表 5.4 玉形弁の損失係数（$d = 25.4$ mm）[8]

l/d	1/4	1/2	3/4	1
ζ	16.3	10.3	7.68	6.09

表 5.5 蝶形弁の損失係数（$d = 40$ mm）[8]

θ [°]	10	20	30	40	50	60	70
ζ	0.52	1.54	3.91	10.8	32.6	118	751

表 5.6 コックの損失係数（$d = 40$ mm）[8]

θ [°]	10	20	30	40	50	60
ζ	0.29	1.56	5.47	17.3	52.6	206

5.5.5 分岐と合流による流動損失

複数の管が分岐したり合流したりすると，速度や流れの方向が変化するため損失が発生する．いま，管 ① が ② と ③ に分岐する場合を考える（図5.31）．管 ① から ② へ流れる流体の損失係数 $h_{1,2}$ および管 ① から ③ へ流れる流体の損失 $h_{1,3}$ は，分岐する前の速い方の速度 V_1 を用いて，

$$h_{1,2} = \zeta_{1,2} \frac{V_1^2}{2g}, \quad h_{1,3} = \zeta_{1,3} \frac{V_1^2}{2g} \tag{5.92}$$

ここで，$\zeta_{1,2}$ および $\zeta_{1,3}$ は損失係数で実験値である．

管 ① と ② が ③ に合流する場合を考える（図5.32）．管 ① から ③ へ流れる流体の損失 $h_{1,3}$ および管 ② から ③ へ流れる流体の損失 $h_{2,3}$ は，合流した後の速い方の速度 V_3 を用いて，

$$h_{1,3} = \zeta_{1,3} \frac{V_3^2}{2g}, \quad h_{2,3} = \zeta_{2,3} \frac{V_3^2}{2g} \tag{5.93}$$

これらの分岐や合流では滑らかに管が接続されている場合には流動損失が小さいが，分岐部や合流部が鋭角になっていると流動損失が大きくなる．

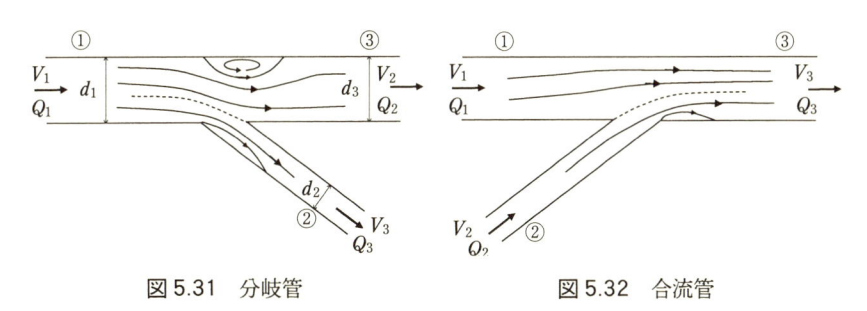

図5.31　分岐管　　　　図5.32　合流管

5.5.6 複合管路の流動損失

複数の管が分岐，合流して管路系を形成するときの損失を考える．管路系全体の損失ヘッド h_t は，管摩擦損失と流路形状による損失の和で表され，

$$h_t = \lambda \frac{l}{d} \frac{V^2}{2g} + \Sigma \zeta \frac{V^2}{2g} \tag{5.94}$$

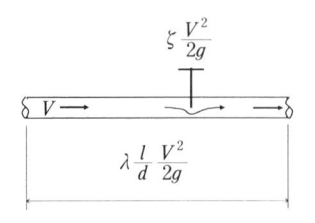

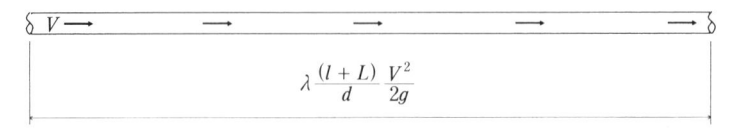

図5.33 相当管長による損失係数の換算

いま，$\sum \zeta \dfrac{V^2}{2g}$ を管摩擦損失に換算するために，

$$L = \dfrac{d}{\lambda} \sum \zeta \tag{5.95}$$

とおくと式 (5.94) は，

$$h_t = \lambda \dfrac{(l+L)}{d} \dfrac{V^2}{2g} \tag{5.96}$$

ここで L は相当管長といわれる（図 5.33）．上式を流量 $Q(=V\pi d^2/4)$ で表すと，

$$h_t = \lambda \dfrac{(l+L)}{d} \dfrac{\left(\dfrac{4Q}{\pi d^2}\right)^2}{2g} = \dfrac{8\lambda}{\pi^2 g d^5}(l+L)Q^2 = kQ^2 \tag{5.97}$$

ここで，$k = \dfrac{8\lambda}{\pi^2 g d^5}(l+L)$ である

相当管長は流路形状による損失を管摩擦係数による損失に置き換えた場合の管長さに相当する．

（1）直列管路

図 5.34 のように管路が直列に接続されている場合，全管路を流れる流量 Q は等しい．したがって，全損失ヘッド h_t は，

$$h_t = k_1 Q^2 + k_2 Q^2 + k_3 Q^2 + \cdots = (k_1 + k_2 + k_3 + \cdots)Q^2 \tag{5.98}$$

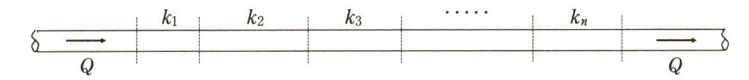

図 5.34 直列管路

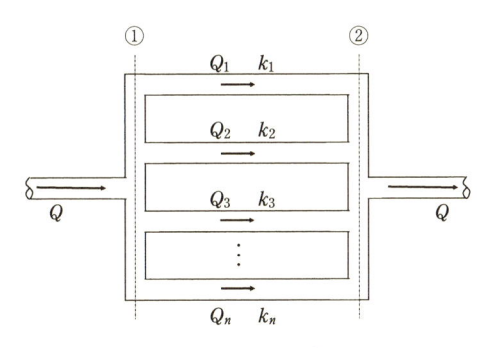

図 5.35 並列管路

(2) 並列管路

図 5.35 のように管路が並列に接続されている場合,入口 ① での圧力ヘッドは全管路で等しく,また,出口 ② での圧力ヘッドも等しい.つまり,全管路で損失ヘッドは等しい.全損失ヘッド h_t は,

$$h_t = k_1 Q_1^2 = k_2 Q_2^2 = k_3 Q_3^2 = \cdots \tag{5.99}$$

$$\therefore Q_1 = \sqrt{\frac{h_t}{k_1}},\ Q_2 = \sqrt{\frac{h_t}{k_2}},\ Q_3 = \sqrt{\frac{h_t}{k_3}},\ \cdots$$

一方,入口 ① での全流量 Q は,

$$Q = Q_1 + Q_2 + Q_3 + \cdots = \sqrt{\frac{h_t}{k_1}} + \sqrt{\frac{h_t}{k_2}} + \sqrt{\frac{h_t}{k_3}} + \cdots$$

$$= \sqrt{h_t} \left(\frac{1}{\sqrt{k_1}} + \frac{1}{\sqrt{k_2}} + \frac{1}{\sqrt{k_3}} + \cdots \right) \tag{5.100}$$

したがって,損失ヘッド h_t は,

$$h_t = \frac{Q^2}{\left(\dfrac{1}{\sqrt{k_1}} + \dfrac{1}{\sqrt{k_2}} + \dfrac{1}{\sqrt{k_3}} + \cdots \right)^2} \tag{5.101}$$

(3) 管路網

多くの管路網 (pipe network) の流動損失を求めるには，管路網の条件を把握する必要がある．図 5.36 のような管路を例にとると管路網の条件として，次の二つがある．(i) 各節点 (A, B, C, …) で，流入流量は流出流量に等しい．(ii) 管路網内の閉回路を 1 周すると (A → B → C → D → E → A)，全損失ヘッドは 0 である．(ii) の条件は A を出て，A に戻ってきたときに同じ圧力に戻るということを意味する．複合管路の流れは，通常は繰返し計算によって求められる．

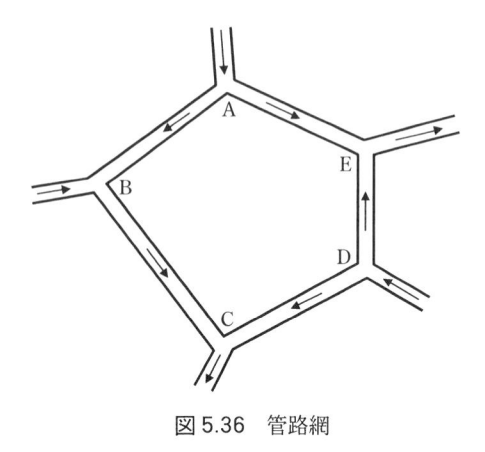

図 5.36　管路網

第 5 章の演習問題

(5-1)

ハーゲン・ポアズイユ流れで，管内最大流速 $u_{\max}$ と平均流速 u_m との関係式 (5.14) を求めなさい．

(5-2)

円管内の流れの速度分布が 1/7 乗則で表されるとき，管内最大流速 $u_{\max}$ と平均流速 u_m との関係式 (5.16) を求めなさい．

(5-3)

直径 d，長さ l の細管内を粘度 μ の液体が層流状態で流れている．ポアズイユ流れを仮定し，流量 Q を計測するなどして μ を求める簡易な実験装置を設計しなさい．

(5-4)

20℃ の水が直径 100 mm の管路内を流れている．臨界レイノルズ数 2300 での流量を求めなさい．また，この管に 20℃ の空気を流した場合の臨界レイノルズ数での流量を求めなさい．ただし，20℃ の水と空気の動粘度はそれぞれ

1.004×10^{-6}, $1.512 \times 10^{-5}\,\mathrm{m^2/s}$ とする.

(5-5)

比重 0.85，粘度 8 mPa·s の油が直径 50 mm，長さ 20 m の滑らかな管路内を流れている．流量が 20 l/min および 200 l/min であるとき，それぞれの場合の管路の摩擦損失ヘッドを求めなさい．

(5-6)

15℃の水が直径 200 mm，長さ 100 m の管路を流れている．レイノルズ数は 1.0×10^5 である．管の内部が等価粗さ 0.4 mm の砂状であるとき，摩擦損失ヘッドを求めなさい．

(5-7)

直径 25 mm の水平管路が，角度 20° で広がりながら直径 50 mm の管に接続されている．流量 0.02 $\mathrm{m^3/s}$ のとき，拡大による損失ヘッドを求めなさい．

第6章　開きょの流れ

　管路の流れは流体が管という壁面で囲まれているのに対し，河川や用水路などは水が大気と接している．このように液体の流れが気体と境界面（自由表面）をもちながら流れるものを開きょの流れという．開きょの流れは重力の作用により流れが生じ，流れには固体の境界面と気体の境界面の両方が作用するため，管路内流れとは異なる性質を示す．

　本章では，自由表面をもつ容器（水路，開きょ）内の流れについて速度，抵抗，流量などについて述べる．

6.1　開きょ

　管路内の流れのように流れが固体壁面で完全に囲まれているのではなく，図6.1のように自由表面をもつものを開きょ（open channel）の流れという（5.4.6

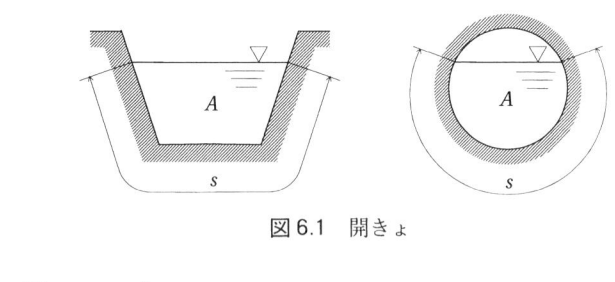

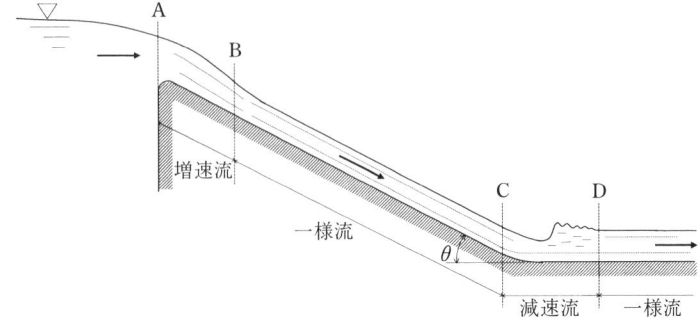

図6.1　開きょ

図6.2　開きょの流れ

項, 参照). その例として, 川や側溝の流れ, 満たされていない下水管やパイプラインの流れなどがある. 開きょの流れは, 流体で満たされた管路内流れよりも現象が複雑となる. 図 6.2 に開きょの流れの中央断面の様子を示すが, A, B 間では流体は加速し, B, C 間では一様流となる. ここで一様流とは, 勾配 θ と断面積が一定の開きょで, 流れが一定の深さになることをいう. C, D 間では勾配が変化するため流れが減速され, D を越えると新たな一定深さの流れになる. A, B 間では重力の斜面方向成分が境界層の抵抗成分よりも大きくなるため流れは加速し, B では重力の斜面方向成分と境界層の抵抗成分が釣り合うため B, C 間では一様流となる.

開きょの流れに対して, 式 (5.57) の水力平均深さ $m = A/s$ によるレイノルズ数 $Re = mV/\nu$ を用いると流れは $Re \fallingdotseq 500$ で層流から乱流へ遷移し始める. m は円管直径の 1/4 なので, この値 ($= 500 \times 4$) は管路内の臨界レイノルズ数 2300 にほぼ対応する.

開きょの流れでは, 水力勾配線は水面と一致する. これは開きょの側面に孔を開けてそれを鉛直に立てたガラス管に接続すると, ガラス管内の液面が開きょ内の水面と同じ高さまで上昇することからわかる. また, エネルギー勾配線は水力勾配線よりも速度ヘッド分だけ高くなる. いま, エネルギー勾配 i を, 次式で定義する.

$$i = \frac{h_L}{L} \tag{6.1}$$

ここで h_L は損失ヘッド, L は開きょの斜面に沿った長さである. 一様流では開きょに沿って速度は一定なので速度ヘッドも変化せず, 水面とエネルギー勾配線は平行となる.

6.2 一様流の公式

距離 L の区間で一様な開きょの流れを考える (図 6.3). 開きょの断面積を A, ぬれ縁長さを s, 斜面の勾配を θ, 流れと壁面の摩擦によって発生するせん断応力を τ_0 とする. 一様な開きょの流れでは流体は加速も減速もせず, 重力による斜面方向への力 $\rho g A L \sin\theta$ と摩擦力 $\tau_0 s L$ が釣り合うので,

$$\rho g A L \sin\theta = \tau_0 s L \tag{6.2}$$

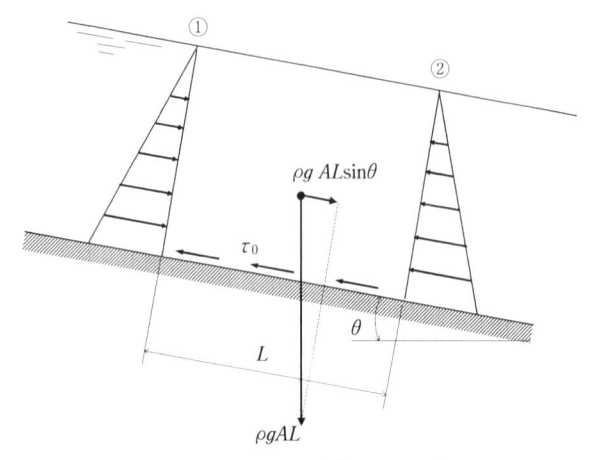

図 6.3 開きょの一様流の力の釣合い

また，$\sin\theta = h_L/L = i$ なので，

$$\tau_0 = \rho g \frac{A}{s} i = \rho g m i \tag{6.3}$$

ここで，$m = A/s$ は水力平均深さである．一方，内径 d，長さ L の滑らかな円管内の圧力降下 Δp と壁面せん断応力による釣合い式 $(\pi/4)d^2 \Delta p = \pi d L \tau_0$ および圧力損失と管摩擦係数 λ との関係式 $\Delta p = \lambda(L/d)(\rho V^2/2)$ を用いると，式 (6.3) は $\tau_0 = \lambda \rho V^2/8$ と表わせ，これを用いて V について解くと，

$$V = \sqrt{\frac{8g}{\lambda} m i} \tag{6.4}$$

いま，

$$C = \sqrt{\frac{8g}{\lambda}} \tag{6.5}$$

とおくと，V は次のように表すことができる．

$$V = C\sqrt{m i} \tag{6.6}$$

式 (6.6) をシェジー (Chézy) の公式といい，係数 C をシェジー係数という．なおシェジー係数は無次元でなく $L^{1/2}T^{-1}$ の次元をもつことに注意を要する．なお，シェジー係数は式 (6.5) からわかるように摩擦係数 λ にも影響される．一般に，開きょの流れは管内流に比べて Re 数が大きい．また，λ は大きな Re

数領域では相対粗さのみに依存するので，シェジー係数は相対粗さによって決まる．シェジー係数に関する実験式を以下に示す．

表6.1 バザンの公式の p の値

壁面の種類	p
木材	0.06 ～ 0.16
コンクリート	0.06
金属	0.06 ～ 0.30
れんが	0.16 ～ 0.30
石積	0.16 ～ 0.46

$$C = \frac{87}{1+(p/\sqrt{m})} \tag{6.7}$$

上式はバザン（Bazin）の式で，p は開きょ壁面の状態で決まる定数である（表6.1）.

$$C = \frac{23+(1/n)+(0.00155/i)}{1+\{23+(0.00155/i)\}(n/\sqrt{m})} \tag{6.8}$$

上式はガンギエ・クッタ（Ganguillet-Kutter）の式で，n は開きょ壁面の状態に関係した定数である（表6.2）.

$$C = \frac{1}{n}m^{1/6} \tag{6.9}$$

上式はマニング（Manning）の式で，n はガンギエ・クッタの式の n と同じ値を用いる．上式は指数公式ともいわれ，C を求める代表的な式である．マニン

表6.2 ガンギエ・クッタの式およびマニングの式の係数 n の値[8]

水路の種類	n
閉管路	
黄銅管	0.009 ～ 0.013
鋳鉄管	0.011 ～ 0.015
純セメント平滑面	0.010 ～ 0.013
コンクリート管	0.012 ～ 0.016
人工水路	
滑らかな木材	0.010 ～ 0.014
コンクリート巻	0.012 ～ 0.018
粗石空積	0.025 ～ 0.035
土の開さく水路，直線状で等断面	0.017 ～ 0.025
自然河川	
線形，断面とも規則正しく，水深が大	0.025 ～ 0.033
同上で河床がれき（礫），草岸のもの	0.030 ～ 0.040
蛇行していて，水深が小さいもの	0.040 ～ 0.055

グの式を用いると式 (6.6) から速度 V は次のようになる．

$$V = \frac{1}{n} m^{2/3} i^{1/2} \tag{6.10}$$

6.3 速度分布

前節では平均速度 V の実験式を示したが，開きょ断面の速度分布は一様ではなく壁面では零で，壁面から離れるにしたがって速度が増加する（図6.4）．深さ h の長方形断面の開きょの深さ方向への速度分布は，開きょ中央の水面から $0.1 \sim 0.4 h$ 付近に最大速度 $u_{\max}$ があり，また，断面内の平均速度は水面下 $0.5 \sim 0.7 h$ 付近の速度とほぼ一致する．

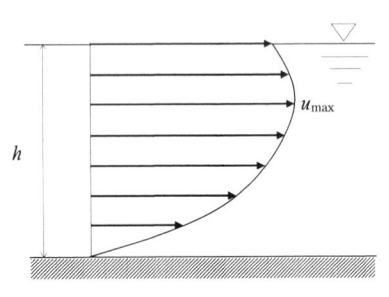

図6.4　開きょの流れの速度分布

6.4 常流と射流

開きょの水深を h，基準水平面から底面までの距離を z_0，速度を V，底面から z の高さの点における水面との圧力差を p とすると $p/(\rho g) = h - z - z_0$ なので，全ヘッド H_t は次のようになる（図6.5）．

$$H_t = \frac{V^2}{2g} + \frac{p}{\rho g} z + z_0 = \frac{V^2}{2g} + h \tag{6.11}$$

上式の H_t は断面上で全て一定であり，したがって開きょの底からの高さ z に無関係となる．断面積を A，流量を Q とすると $V = Q/A$ より，

$$H_t = \frac{1}{2g} \left(\frac{Q}{A} \right)^2 + h \tag{6.12}$$

幅の広い長方形開きょの単位幅当たりの流量を q とすると $q = Vh$ なので $V = Q/A = q/h$ となり上式から，

$$q = h\sqrt{2g(H_t - h)} \tag{6.13}$$

H_t が一定の場合，流量が最大になる水深は式 (6.13) を h で微分して零とおけば求まり，

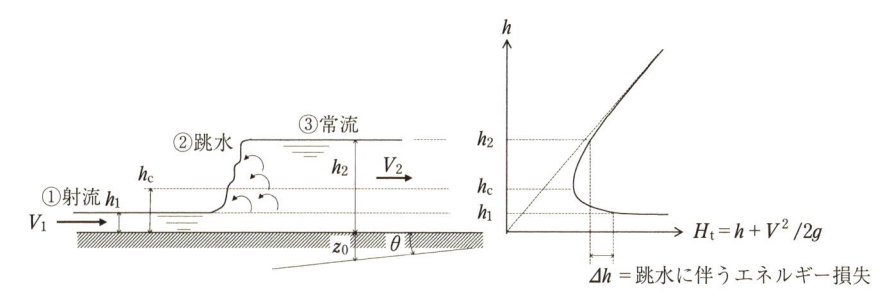

図 6.5　常流・射流・跳水と開きょ流れのエネルギー（Q 一定の場合）

$$\frac{dq}{dh} = \sqrt{2g}\left(\sqrt{H_t - h} - \frac{1}{2}\frac{h}{\sqrt{H_t - h}}\right) = 0 \quad \therefore h_c = \frac{2}{3}H_t \tag{6.14}$$

この h_c を臨界水深（critical depth）という．式 (6.14) を式 (6.13) へ代入すると全ヘッド H_t が与えられた場合の最大流量 q_{max} が求められる．

$$q_{max} = \sqrt{g}\left(\frac{2}{3}H_t\right)^{3/2} = \sqrt{g h_c^3} \tag{6.15}$$

このときの速度 V_c を臨界速度（critical velocity）といい，

$$V_c = \frac{q_{max}}{h_c} = \sqrt{g h_c} \tag{6.16}$$

さて，式 (6.13) を書き換えると $h^3 - H_t h^2 + (q^2/2g) = 0$ となり，水深 h に関する三次式となる．したがって，H_t が一定のとき，一つの流量 q に対して三つの解をもつが，q と h は正の値をとることから一つの流量に対して有意な解は二つになる．この二つの解のうち，臨界水深 h_c よりも深い流れを常流（subcritical flow），h_c よりも浅い流れを射流（supercritical flow）という．図 6.5 のように ① の射流では浅かった水深が ② の位置で急激に水深が増し ③ の常流となる．

6.5　跳　水

射流は不安定で，これが減速すると流れが常流に変わる．この現象を跳水（hydraulic jump）という（図 6.5）．せきの底面の勾配が急な区間では射流となるが，下流で勾配が緩やかになると，そのまま射流で居続けることができず突

然常流に移る.射流から常流に跳水するところで水面は鉛直になり,水深が急に増す.

跳水の高さは,運動量の定理から求めることができる.簡単化のため開きょを水平とし,最初の水深を h_1,速度を V_1 とし,跳水のあとの水深を h_2,速度を V_2 とする.開きょ断面に作用する圧力による力は,開きょの単位幅につき,圧力 $\rho g h/2$ と断面積 $h \cdot 1$ の積で求められ,それぞれ $\rho g h_1^2/2$,$\rho g h_2^2/2$ なので,単位幅当たりの流量を q とすると,

$$\rho q (V_2 - V_1) = \frac{1}{2}\rho g (h_1^2 - h_2^2) \tag{6.17}$$

また,連続の式 $V_1 = q/h_1$, $V_2 = q/h_2$ を上式に代入すると,

$$\frac{q^2}{g}\left(\frac{h_1 - h_2}{h_1 h_2}\right) = \frac{1}{2}(h_1 - h_2)(h_1 + h_2) \tag{6.18}$$

この式が成り立つのは $h_1 = h_2$ (この場合には跳水は起こらない),または $q^2/(g h_1 h_2) = (h_1 + h_2)/2$ の場合である.これより h_2 の二次式が得られ,

$$h_2^2 + h_1 h_2 - \frac{2q^2}{g h_1} = 0 \tag{6.19}$$

これを h_2 について解くと,$h_2 > 0$ なので,

$$h_2 = \frac{h_1}{2}\left(\sqrt{1 + \frac{8q^2}{g h_1^3}} - 1\right) \tag{6.20}$$

上式から,h_1 が与えられると h_2 が求まる.

[例題6-1] 跳　水

幅2m,水深1mの長方形断面の水平な開きょを流量 $10\,\mathrm{m}^3/\mathrm{s}$ で水が流れている.このとき,跳水が発生するかどうかを調べなさい.また,跳水が発生するなら跳水後の水深および損失ヘッドを求めなさい.

(解)

速度 V_1 は,

$$V_1 = \frac{10\,[\mathrm{m}^3/\mathrm{s}]}{2\,[\mathrm{m}] \times 1\,[\mathrm{m}]} = 5\,[\mathrm{m/s}] \tag{1}$$

一方,水深1mの開きょの流れの臨界速度 V_c は,

$$V_c = \sqrt{9.807\,[\text{m}^2/\text{s}] \times 1\,[\text{m}]} = 3.132\,[\text{m/s}] \qquad (2)$$

したがって，$V_1 > V_c$ なので流れは射流であり跳水が発生する可能性がある．跳水前後の速度および水深を V_1, V_2 および h_1, h_2 とすると連続の式から，

$$Q = bV_1 h_1 = bV_2 h_2 \qquad (3)$$

いま，運動量の定理を用いると，跳水前後の運動量の差が圧力差となる．幅 b，深さ h の流れの断面に作用する圧力による力は $\rho g(h/2)bh$ なので，

$$\rho Q V_1 - \rho Q V_2 = \rho g \frac{h_1}{2} b h_1 - \rho g \frac{h_2}{2} b h_2 \qquad (4)$$

式 (3) を上式へ代入して整理すると，

$$\frac{1}{g}\left(\frac{Q}{b}\right)^2 \left(\frac{h_1 - h_2}{h_1 h_2}\right) = \frac{1}{2}(h_1 - h_2)(h_1 + h_2) \qquad (5)$$

$h_2 > h_1$ のとき跳水が発生するので辺々 $(h_1 - h_2)$ で除し水深 h_2 を求めると，

$$h_2 = \frac{h_1}{2}\left(\sqrt{1 + \frac{8Q^2}{g h_1^3 b^2}} - 1\right) = \frac{1}{2}\left(\sqrt{1 + \frac{8 \times 10^2}{9.807 \times 1^3 \times 2^2}} - 1\right)$$

$$= 1.813\,[\text{m}] \qquad (6)$$

損失ヘッド Δh は，

$$\Delta h = \left\{\frac{1}{2g}\left(\frac{Q}{bh_2}\right)^2 + h_2\right\} - \left\{\frac{1}{2g}\left(\frac{Q}{bh_1}\right)^2 + h_1\right\} = \frac{Q^2}{2gb^2}\frac{1}{h_2^2 - h_1^2} + h_2 - h_1$$

$$= \frac{10^2}{2 \times 9.807 \times 2^2}\frac{1}{1.813^2 - 1^2} + 1.813 - 1 = 1.370\,[\text{m}] \qquad (7)$$

第6章の演習問題

(6-1)

図 6.6 のような断面のコンクリート水路の勾配が 0.001 のときの流量を，(a) バザンの式，(b) ガンギエ・クッタの式，(c) マニングの式を用いて計算しなさい．ただし，$n = 0.015$ とする．

(6-2)

一定流量の長方形断面の水平水路において跳水が発生し，水深が 0.3 m から 0.5 m に変化した．この跳水に伴って失う損失ヘッドを求めなさい．

図 6.6　水路

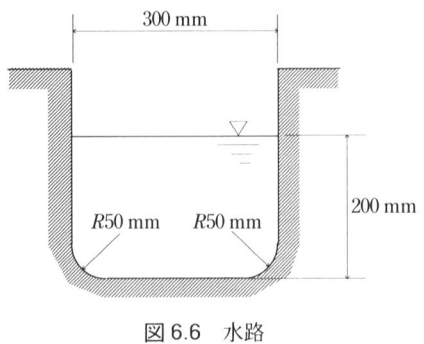

(6-3)

水深 1 m, 幅 2 m の長方形断面の水路の流量が, (a) 5 m³/s, (b) 10 m³/s のとき, 流れは常流か射流か調べなさい.

第7章 理想流体(非粘性流体)の力学

　私たちの周囲や工業機器における流れでは，圧縮性の影響が無視できる場合が多い．特にレイノルズ数が大きく粘性の影響が無視できる場合，流れを支配する方程式は大幅に簡略化することができる．物体周りの流れでは前述(5.3節，参照)のように物体表面上に粘性の影響が強く現れる層(境界層)が形成されるが，その厚さは極めて薄いため，物体と境界層を一つの物体であると見なせば，新たに定義されたその表面上では流れはすべり，あたかも粘性が作用していない流れであると考えることができる．本章ではこのような粘性が作用しない流体(理想流体)でかつ非圧縮な流れ場における理論について記す．

7.1 基礎式を導出するための準備

7.1.1 テイラー展開による近似

　基礎方程式を導く際，微小距離を離れた位置の物理量の近似が必要になる．その方法としてテイラー展開による近似がある．

$$f(x+\mathrm{d}x) \approx f(x) + \frac{f'(x)}{1!}\mathrm{d}x = f(x) + \frac{\mathrm{d}f(x)}{\mathrm{d}x}\mathrm{d}x \tag{7.1}$$

式の導出：

　ある関数 $f(x)$ が n 回微分可能であれば，$x=a$ の周りで次式のように展開できる(テイラー展開)．

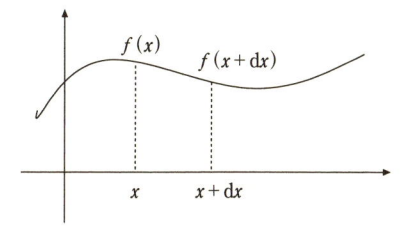

$$f(x) = f(a) + \frac{f'(a)}{1!}(x-a)$$
$$+ \frac{f''(a)}{2!}(x-a)^2 + \cdots + \frac{f^{(n)}(a)}{n!}(x-a)^n + R(x) \tag{7.2}$$

図7.1 物理量 f の分布

ここで $R(x)$ は剰余である．

　微小量 $\mathrm{d}x$ だけ離れた x と $x+\mathrm{d}x$ を考え，上式の a と x にそれぞれ対応させ

る．微小量 dx の二次以上の項を無視すると，式 (7.1) が成立する．

[例題 7-1]

関数 f が二つの変数をもつ場合，$f=f(x,y)$ は (x,y) から微小量 dx, dy 離れた $(x+\mathrm{d}x, y+\mathrm{d}y)$ ではどのように近似されるか．

（解）

$(x+\mathrm{d}x, y)$ での近似の結果は

$$f(x, y+\mathrm{d}y) \approx f(x,y) + \frac{\partial f(x,y)}{\partial y}\mathrm{d}y$$

でさらに $(x+\mathrm{d}x, y+\mathrm{d}y)$ で近似すると（微小量 dxdy の項を無視する），

$$f(x+\mathrm{d}x, y+\mathrm{d}y) \approx f(x+\mathrm{d}x, y) + \frac{\partial f(x+\mathrm{d}x, y)}{\partial y}\mathrm{d}y$$

$$\approx f(x,y) + \frac{\partial f(x,y)}{\partial x}\mathrm{d}x + \frac{\partial f(x,y)}{\partial y}\mathrm{d}y \tag{7.3}$$

7.1.2 流れにおける変形

(1) 流れにおける変形の種類

流れ場では，流体要素が移動しながら，剛体運動（並進移動，回転），と変形（膨張・収縮，せん断による変形）が生じる（3.7節，参照）．それぞれについて簡単に示したものが図 7.2 である．並進運動については特に説明する必要もないのでそれ以外の場合について考える．微小時間 dt 後，流れによって原点 $\mathrm{O}=(0,0)$ は $\mathrm{O}'=(u\mathrm{d}t, v\mathrm{d}t)$ へ移動するが，変化後の位置を原点に重ね合わせて考えることにする．例えば，A 点の場合，流れ場の速度はテイ

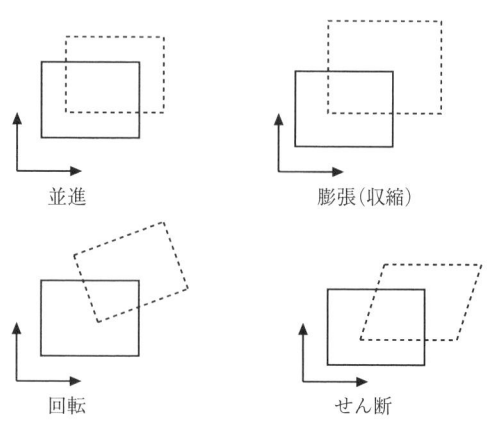

図 7.2 微小要素の変形

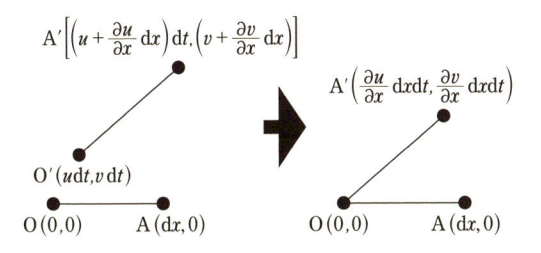

図 7.3 微小要素の変形後との重ね合わせ

ラー展開の結果，A 点の速度は $(u+\partial u/\partial x\,dx, v+\partial v/\partial x\,dx)$ で近似され，dt 後の位置は $A'=[dx+(u+\partial u/\partial x\,dx)dt,(v+\partial v/\partial x\,dx)dt]$ で近似されることになるが，移動後の原点を重ね合わせるので結果的に，$A'=(dx+\partial u/\partial x\,dx\,dt, \partial v/\partial x\,dy\,dt)$ となる．以下ではいくつかの変形について考えるが，移動後の座標はこのような原点の補正が行われたもので考える．

（２）膨張（収縮）

いま，位置 $A(dx,0)$, $B(dx,dy)$, $C(0,dy)$ が，$A'(dx+\partial u/\partial x\,dx\,dt, 0)$, $B'(dx+\partial u/\partial x\,dx\,dt, dy+\partial v/\partial y\,dy\,dt)$, $C'(0, dy+\partial v/\partial y\,dy\,dt)$ へと移動し変形が生じた場合，膨張することがわかる．この膨張した量は $(dx+\partial u/\partial x\,dx\,dt)\times(dy+\partial v/\partial y\,dy\,dt)-dx\times dy$ で表され，高次の量を無視し単位時間単位面積当たりの変化量として表すと次式の結果となる．この量は速度場の発散 $\mathrm{div}\,\boldsymbol{u}$ であり，膨張・収縮に関係する量であることがわかる．

$$\frac{\partial u}{\partial x}+\frac{\partial v}{\partial y}=\mathrm{div}\,\boldsymbol{u} \tag{7.4}$$

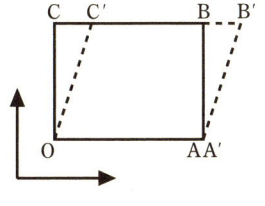

図 7.4　膨張（収縮） 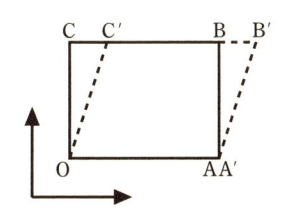　　図 7.5　せん断

(3) せん断

いま，x 方向の速度 u が y 方向にのみ変化する場を考える．この場合，図のように当初，矩形領域であったものが dt 時刻後，A(dx, 0), B(dx, dy), C(0, dy) は A′(dx, 0), B′($dx+\partial u/\partial y\, dy\, dt$, dy), C′($\partial u/\partial y\, dy\, dt$, dy) へと変形する．このように，平行に変形しただけで面積（三次元の場合は体積）は変化しない．同様に y 方向の速度 v が x 方向にのみ変化する場も同様に考えることができる．したがって二つが同時に作用した状態での変形は $\partial u/\partial y + \partial v/\partial x$ で，せん断による変形に関係する量になる．

$$S = \frac{\partial u}{\partial y} + \frac{\partial v}{\partial x} \tag{7.5}$$

(4) 回転

回転が生じている場合を考える．A点では y 方向速度 v が支配的で C点では $-u$ が支配的な流れとなっているであろう．したがって，微小時間 dt 後には A(dx, 0) は A′(dx, $\partial v/\partial x\, dx\, dt$) へ C(0, dy) は C′($-\partial u/\partial y\, dy\, dt$, dy) へ移動する．A点での単位時間当たりの回転角速度 θ は微小なので $\theta_1 = \overline{AA'}/dx\, dt = \partial v/\partial x$, C点では $\theta_2 = \overline{CC'}/dy\, dt = -\partial u/\partial y$ で近似できる．これらの結果から，O点周りの平均角速度は $\theta = (\partial v/\partial x - \partial u/\partial y)/2$ となり，回転による変形に関係する量であることがわかる．

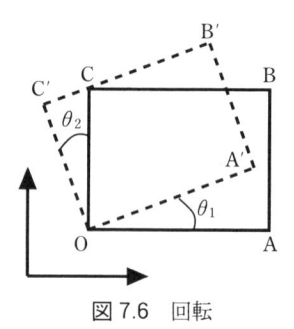

図 7.6　回転

$$\Omega = \frac{1}{2}\left(\frac{\partial v}{\partial x} - \frac{\partial u}{\partial y}\right) \tag{7.6}$$

(5) 渦度

回転の2倍を渦度（vorticity）ω と呼ぶ．

$$\omega = 2\Omega \tag{7.7}$$

[例題 7-2]

流速が $u = ax$, $v = -ay$ で表されるとき，この流れ場は非圧縮で非回転の流れ場であることを示しなさい．

（解）

非圧縮であるには膨張・収縮が生じない，すなわち $\mathrm{div}\,\boldsymbol{u} = 0$ が，また非回転であるには $\omega = 0$ が示されればよい．問題の条件を代入すれば，これらの条件が満足されることがわかる．

7.2 基礎方程式の導出

これまでに学んだ質点の力学において，運動量の保存則や，エネルギー保存則が成立することを学んでいる．流体の運動も多数の流体粒子の運動であると考えれば，必要となる考え方は同じであろう．また，質点を考えたときとは違い，多数の流体粒子の運動を想定するのならば，質量の保存則も考える必要があるであろう．本節では保存法則から流体を支配する基礎的な方程式（質量保存式，運動方程式）について導く．

7.2.1 質量保存式

質量の保存を表す式で，連続の式とも呼ばれる．

$$\frac{\partial \rho}{\partial t} = -\left(\frac{\partial \rho u}{\partial x} + \frac{\partial \rho v}{\partial y}\right) \tag{7.8}$$

式の導出：

いま z 軸方向（紙面に垂直方向）に単位幅をもつ微小領域 $\mathrm{d}x\,\mathrm{d}y$ の次の保存を考える（図 7.7）．微小領域に発生・消滅がなければ，

微小時間 $\mathrm{d}t$ における

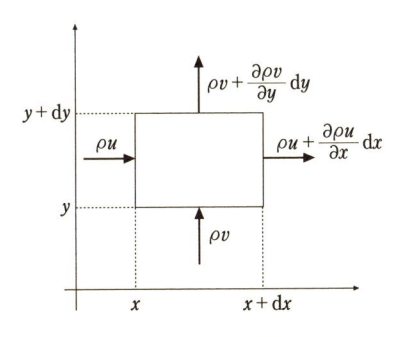

図 7.7　微小領域での質量保存

[(a) 微小領域の質量の時間変化] = [(b) 微小領域へ流入・流出する質量]

(a) 微小時間 dt の間の微小領域 $dx\,dy$ の質量の時間変化

時間についてテイラー展開すると，(a) は次式で近似される．

$$[\rho(t+dt)-\rho(t)]dx\,dy = \left[\left(\rho+\frac{\partial \rho}{\partial t}dt\right)-\rho\right]dx\,dy = \frac{\partial \rho}{\partial t}dx\,dy\,dt \tag{7.9}$$

(b) 微小時間 dt の間に流れにより出入りする質量

（密度）×（領域を出入りする体積）=

（密度）×（速度× dt ×周囲の断面積）で与えられ

$x+dx, y+dy$ の位置での物理量をテイラー展開で近似すると流れにより出入りする質量は，

$$\begin{aligned}
\text{微小領域への流入出} &= \rho u\,dy\,dt & & -\left(\rho u+\frac{\partial \rho u}{\partial x}dx\right)dy\,dt \\
& \text{（左方からの流入）} & & \text{（右方への流出）} \\
& +\rho v\,dx\,dt & & -\left(\rho v+\frac{\partial \rho v}{\partial y}dy\right)dx\,dt \\
& \text{（下方からの流入）} & & \text{（上方への流出）}
\end{aligned}$$

$$= -\left(\frac{\partial \rho u}{\partial x}+\frac{\partial \rho v}{\partial y}\right)dx\,dy\,dt \tag{7.10}$$

(a) と (b) が釣り合うので

$$\frac{\partial \rho}{\partial t} = -\left(\frac{\partial \rho u}{\partial x}+\frac{\partial \rho v}{\partial y}\right) \tag{7.8}$$

これが質量保存式である．

7.2.2 運動量保存式（運動方程式）

流れの速度を支配する方程式である．これを解けば流れの運動を知ることができる（5.2 節，参照）．

$$\begin{aligned}
\frac{\partial u}{\partial t}+u\frac{\partial u}{\partial x}+v\frac{\partial u}{\partial y} &= -\frac{1}{\rho}\frac{\partial p}{\partial x}+f_x \\
\frac{\partial v}{\partial t}+u\frac{\partial v}{\partial x}+v\frac{\partial v}{\partial y} &= -\frac{1}{\rho}\frac{\partial p}{\partial y}+f_y
\end{aligned} \tag{7.11}$$

右辺は順に，圧力，外力により流れが加速・減速されることを表している．
式の導出：
z 軸方向（紙面に垂直方向）に単位幅をもつ微小領域 $dx\,dy$ の次の保存を考える（図 7.8）．

微小時間 dt における

〔(a) 微小領域の運動量の時間変化〕＝〔(b) 微小領域へ流入・流出する運動量〕
　　　　　　　　　　　　　　　　＋〔(c) 圧力による運動量の変化〕
　　　　　　　　　　　　　　　　＋〔(d) 外力による運動量の変化〕

考えなければならない運動量の変化は質点の力学における運動量の法則と同様，流体の場合にも成立する．運動量の変化は，

　　運動量（質量×速度）の変化＝力積（力×時間）

(a) 微小時間 dt の間の運動量の変化は次式で近似される（テイラー展開）．

$$[\rho u(t+dt) - \rho u(t)]\,dx\,dy = \left[\left(\rho u + \frac{\partial \rho u}{\partial t}dt\right) - \rho u\right]dx\,dy$$

$$= \frac{\partial \rho u}{\partial t}\,dx\,dy\,dt \tag{7.12}$$

(b) 微小時間 dt の間に流入・流出する運動量

　　（速度）×（密度）×（出入りする体積）

　　　　＝（速度）×（密度）×（速度× dt ×周囲の断面積）

図 7.8 のように $x+dx, y+dy$ の位置での物理量をテイラー展開で近似すると

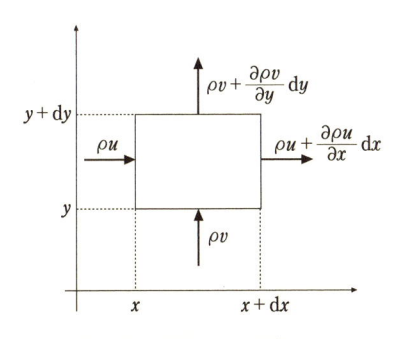

図 7.8　微小領域での対流による x 方向の運動量の流入・流出

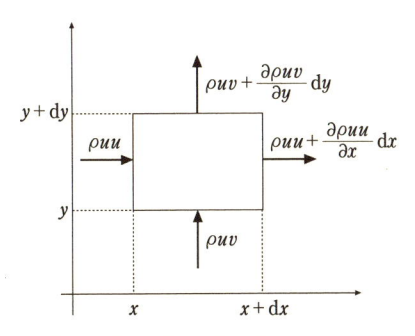

図 7.9　微小領域での圧力，外力による x 方向の運動量の流入・流出

微小領域への流入出 $= \rho u u\, dy\, dt \qquad -\left(\rho u u + \dfrac{\partial \rho u u}{\partial x} dx\right) dy\, dt$

（左方からの流入）　（右方への流出）

$\qquad\qquad\qquad + \rho u v\, dx\, dt \qquad -\left(\rho u v + \dfrac{\partial \rho u v}{\partial y} dy\right) dx\, dt$

（下方からの流入）　（上方への流出）

$$= -\left(\dfrac{\partial \rho u u}{\partial x} + \dfrac{\partial \rho u v}{\partial y}\right) dx\, dy\, dt \tag{7.13}$$

(c) 微小時間 dt の間に作用する圧力による運動の変化

運動量の変化＝力（断面積×圧力）× dt より図 7.9 から

圧力による運動量の変化＝

$\qquad\qquad p\, dy\, dt \qquad\qquad -\left(p + \dfrac{\partial p}{\partial x} dx\right) dy\, dt$

（左方の圧力による）　（右方の圧力による） $\qquad\qquad$ (7.14)

(d) 微小時間 dt の間に作用する外力 [$\boldsymbol{f} = (f_x, f_y)$] による運動量の変化

図 7.9 より外力による運動量の変化 $= \rho f_x\, dx\, dy\, dt$ $\qquad\qquad$ (7.15)

(a) ＝ (b) ＋ (c) ＋ (d) から x 方向の運動量保存式は

$$\dfrac{\partial \rho u}{\partial t} = -\dfrac{\partial \rho u u}{\partial x} - \dfrac{\partial \rho u v}{\partial y} - \dfrac{\partial p}{\partial x} + \rho f_x \tag{7.16}$$

同様に y 方向について考えると

$$\dfrac{\partial \rho v}{\partial t} = -\dfrac{\partial \rho u v}{\partial x} - \dfrac{\partial \rho v v}{\partial y} - \dfrac{\partial p}{\partial y} + \rho f_y \tag{7.17}$$

7.3 理想流体を支配する方程式

理想流体の運動を支配する方程式は二次元の場合以下の式になる．

連続の式：

$$\dfrac{\partial \rho}{\partial t} + \dfrac{\partial \rho u}{\partial x} + \dfrac{\partial \rho v}{\partial y} = 0 \tag{7.18}$$

運動方程式：

$$\dfrac{\partial u}{\partial t} + u\dfrac{\partial u}{\partial x} + v\dfrac{\partial u}{\partial y} = -\dfrac{1}{\rho}\dfrac{\partial p}{\partial x} - \dfrac{\partial \Omega}{\partial x}$$

$$\frac{\partial v}{\partial t} + u\frac{\partial v}{\partial x} + v\frac{\partial v}{\partial y} = -\frac{1}{\rho}\frac{\partial p}{\partial y} - \frac{\partial \Omega}{\partial y} \tag{7.19}$$

流れは右辺の圧力勾配と外力により駆動される．ある物理量 A が別の物理量 B の勾配で表されるとき，B を A のポテンシャルと呼ぶ．ここでは外力としてポテンシャル Ω の勾配を与えている．例えばポテンシャルとして位置エネルギー $\Omega = gx$ を与えると重力による外力を表す．また，この理想流体の運動方程式はオイラーの運動方程式と呼ばれる．

本章では特に非圧縮流れを考えるのでその場合の理想流体（非圧縮流れの場合）の支配方程式は次式となる．

連続の式：

$$\frac{\partial u}{\partial x} + \frac{\partial v}{\partial y} = 0 \tag{7.20}$$

運動方程式：式 (7.19) と同様

[例題 7-3]

流線に沿ったオイラーの運動方程式を導きなさい．ただし，密度 ρ は一定とする．

（解）

式 (7.19) の二式のそれぞれに dx, dy をかけ流線 s に沿って積分する．

$$\int \left(\frac{\partial u}{\partial t} + u\frac{\partial u}{\partial x} + v\frac{\partial u}{\partial y}\right) dx + \int \left(\frac{\partial v}{\partial t} + u\frac{\partial v}{\partial x} + v\frac{\partial v}{\partial y}\right) dy$$

$$= -\int \left(\frac{1}{\rho}\frac{\partial p}{\partial x} + \frac{\partial \Omega}{\partial x}\right) dx - \int \left(\frac{1}{\rho}\frac{\partial p}{\partial y} + \frac{\partial \Omega}{\partial y}\right) dy$$

整理すると

$$\frac{\partial}{\partial t}\int (u\,dx + v\,dy) + \int \left(u\frac{\partial u}{\partial x} + v\frac{\partial u}{\partial y}\right) dx + \int \left(u\frac{\partial v}{\partial x} + v\frac{\partial v}{\partial y}\right) dy$$

$$= -\int \frac{1}{\rho}\left(\frac{\partial p}{\partial x}dx + \frac{\partial p}{\partial y}dy\right) - \int \left(\frac{\partial \Omega}{\partial x}dx + \frac{\partial \Omega}{\partial y}dy\right)$$

となる．流線の式から，$v\,dx = u\,dy$，流線方向 s とすると，速度 v_s は幾何学的な関係（図 7.10）から $u\,dx + v\,dy = v_s\,ds$ となるので，

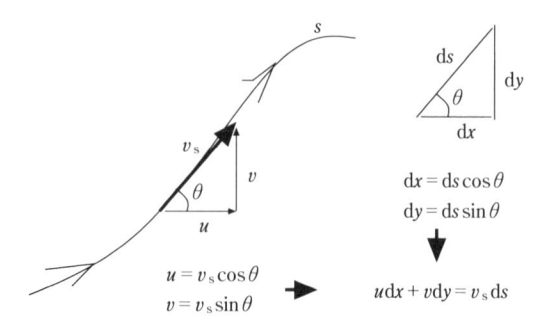

図 7.10　流線と速度ベクトル

$$\frac{\partial}{\partial t}\int v_s ds + \int \frac{1}{2}dv_s^2 = -\int\left(\frac{dp}{\rho}+d\Omega\right)$$

全体を微分すれば最終的に次式を得る．

$$\frac{\partial v_s}{\partial t}+\frac{1}{2}\frac{\partial v_s^2}{\partial s}=-\frac{1}{\rho}\frac{\partial p}{\partial s}-\frac{\partial \Omega}{\partial s}$$

例題の結果から，定常な場合で $\Omega = gz$（z は高さ）とおくと，よく知られたベルヌーイの式が導かれる．

ベルヌーイの式（理想流体で定常な場合の式）：

$$\frac{1}{2}v_s^2+\frac{p}{\rho}+gz = \text{const} \tag{7.21}$$

7.4　循環および循環定理

外力が保存力である理想流体の場合，次の循環を考えると都合がよい．後述のように循環は物体に作用する揚力の強さと直接関係する量になる．

7.4.1　循環 Γ

考えている領域 V の周囲に沿った速度の積分値で，それはその領域における渦度の積分値になる．

$$\Gamma = \oint_C v_s ds = \oint_C \boldsymbol{v}\cdot d\boldsymbol{s} = \iint_V \omega\, dV \quad (\omega：渦度) \tag{7.22}$$

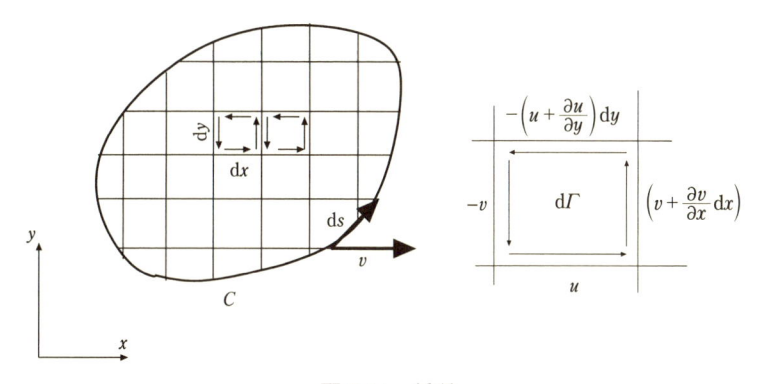

図 7.11　循環

循環の定義：

流れ場に領域 V を囲む閉曲線 C を考える（図 7.11）．C 上の微小線要素を ds とし ds 方向の速度 v_s の線積分である Γ を定義する．右手系の座標系を採用しているので，z 軸は紙面に垂直で手前向きであり，この軸を基準に反時計回りが正の回転方向となる．Γ は循環（circulation）と呼ばれる．微小領域の循環を考えると，

$$d\Gamma = u\,dx + \left(v + \frac{\partial v}{\partial x}dx\right)dy - \left(u + \frac{\partial u}{\partial y}dy\right)dx - v\,dy$$

$$= \left(\frac{\partial v}{\partial x} - \frac{\partial u}{\partial y}\right)dx\,dy = \omega\,dx\,dy \tag{7.23}$$

となり二次元の場合の渦度 $\omega = \partial v/\partial x - \partial u/\partial y$ と微小領域 $dx\,dy$ の積になる．任意の閉曲線を微小領域に分けて積分すると隣り合う微小領域の線積分は打ち消しあうので結果的に，

$$\Gamma = \int d\Gamma = \iint_V \omega\,dx\,dy \tag{7.24}$$

となる．

7.4.2　循環定理

流れとともに移動する任意の領域の循環は時間的に変化しない．すなわち，これはケルビン（Kelvin）の循環定理と呼ばれている．

$$\frac{D\Gamma}{Dt} = 0 \quad \left(\frac{D}{Dt} = \frac{\partial}{\partial t} + u\frac{\partial}{\partial x} + v\frac{\partial}{\partial y} : 流れに沿った時間変化\right) \quad (7.25)$$

循環定理の導出：
閉曲線 C が流れとともに移動するとそのときの Γ の時間変化は，

$$\frac{D\Gamma}{Dt} = \frac{D}{Dt}\left[\oint(u\,dx + v\,dy)\right]$$

$$= \oint \frac{Du}{Dt}dx + \oint u\frac{D(dx)}{Dt} + \oint \frac{Dv}{Dt}dy + \oint v\frac{D(dy)}{Dt} \quad (7.26)$$

式 (7.19) から，

$$\frac{Du}{Dt} = -\frac{1}{\rho}\frac{\partial p}{\partial x} - \frac{\partial \Omega}{\partial x}, \quad \frac{Dv}{Dt} = -\frac{1}{\rho}\frac{\partial p}{\partial y} - \frac{\partial \Omega}{\partial y}$$

また，

$$\frac{D(dx)}{Dt} = d\left(\frac{Dx}{Dt}\right) = du, \quad \frac{D(dy)}{Dt} = d\left(\frac{Dy}{Dt}\right) = dv$$

から，

$$\frac{D\Gamma}{Dt} = \oint\left[-\frac{\partial}{\partial x}\left(\Omega + \frac{p}{\rho}\right)dx - \frac{\partial}{\partial y}\left(\Omega + \frac{p}{\rho}\right)dy + u\,du + v\,dv\right]$$

$$= \oint\left[-d\left(\Omega + \frac{p}{\rho}\right) + \frac{1}{2}d(u^2 + v^2)\right] \quad (7.27)$$

となる．この積分は閉曲線 C 上を一周してもとに戻るので零となる．

7.5 流れ関数

スカラー量である流れ関数を定義すると，流線や流量を簡単に求めることができる．流れ関数 ϕ は

$$u = \frac{\partial \phi}{\partial y}, \quad v = -\frac{\partial \phi}{\partial x} \quad (7.28)$$

流れ関数の特徴：・$\phi = $ 一定の線は流線となる
　　　　　　　　・異なる位置における ϕ の値の差がその間の流量を表す

流れ関数の定義：
二次元場においてスカラー関数 $\phi = \phi(x, y)$ を考え，この関数の微分が上式

で定義する速度を与えるものとする．このとき連続の式が成立することは明らかである．このスカラー関数を流れ関数（stream function）と呼ぶ．

また特に渦なし流れ（$\omega = 0$）となる場合，渦度 ω に式 (7.28) を代入すると

$$\frac{\partial^2 \phi}{\partial x^2} + \frac{\partial^2 \phi}{\partial y^2} = \nabla^2 \phi = 0 \tag{7.29}$$

となり，ラプラスの式を満足する．

流線の証明：

流線の方程式は幾何学的な関係から次式で与えられる（図 7.12）．

$$\frac{\mathrm{d}x}{u} = \frac{\mathrm{d}y}{v} \tag{7.30}$$

これを変形し，流れ関数を代入すると

$$\frac{\partial \phi}{\partial x}\mathrm{d}x + \frac{\partial \phi}{\partial y}\mathrm{d}y = \mathrm{d}\phi = 0 \tag{7.31}$$

となり全微分 $\mathrm{d}\phi = 0$ となる．すなわち流線上では $\phi =$ 一定になる．

流量の証明：

図 7.12 に示す任意の二つの位置 A, B について考える．図中の s に垂直な速度 v_n は幾何学的な関係から $v_\mathrm{n} = u\,\mathrm{d}y/\mathrm{d}s - v\,\mathrm{d}x/\mathrm{d}s$ となり，

$$v_\mathrm{n}\,\mathrm{d}s = u\,\mathrm{d}y - v\,\mathrm{d}x = \mathrm{d}\phi \tag{7.32}$$

したがって，v_n をこの s 上で積分すると s を通過する流量 Q が求められる．

$$Q = \int_S v_\mathrm{n}\,\mathrm{d}s = \int_B^A \mathrm{d}\phi = \phi_A - \phi_B \tag{7.33}$$

結果として経路 s に関係せず，二つの地点の流れ関数の差がその間を通過す

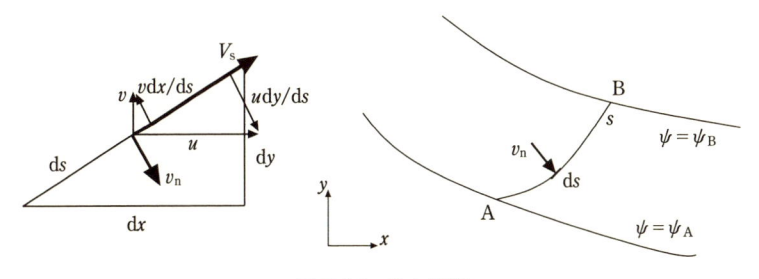

図 7.12 流れ関数

る流量となる.

(注意) 流れ関数は理想流体でなくても,非圧縮流れでさえあれば定義できるが,二次元場かあるいは軸対象な流れでしか定義できないことに注意を要する.

7.6 速度ポテンシャル

前節と同様,スカラー関数 ϕ を考える.

7.6.1 速度ポテンシャル

その勾配が速度ベクトルとなるスカラー関数 ϕ は速度ポテンシャル (velocity potential) と呼ばれる.

$$u = \frac{\partial \phi}{\partial x}, \quad v = \frac{\partial \phi}{\partial y} \tag{7.34}$$

速度ポテンシャルの特徴: ・$\nabla^2 \phi = 0$ で定義される.
・渦なし流れ ($\omega = 0$) である.

$\nabla^2 \phi = 0$ の証明:
連続の式を満足しなければならないので,

$$\frac{\partial u}{\partial x} + \frac{\partial v}{\partial y} = \frac{\partial^2 \phi}{\partial x^2} + \frac{\partial^2 \phi}{\partial y^2} = \nabla^2 \phi = 0 \tag{7.35}$$

ϕ はこのようなラプラスの式を満足しなければならない.

渦なし流れ ($\omega = 0$) の証明:
二次元の場合,渦度 ω に式 (7.34) を代入すると,

$$\omega = \frac{\partial v}{\partial x} - \frac{\partial u}{\partial y} = 0 \tag{7.36}$$

すなわち速度ポテンシャルが仮定される流れ場は渦度がない流れ,渦なし流れ (非回転流れ) の性質をもつことがわかる.

(注) 速度ポテンシャルは流れ関数とは違い,三次元の流れ場においても定義することができる.この場合も渦なし流れとなる.

$$\frac{\partial \phi}{\partial x} = u, \quad \frac{\partial \phi}{\partial y} = v, \quad \frac{\partial \phi}{\partial z} = w \tag{7.37}$$

$$\nabla^2 = \frac{\partial^2 \phi}{\partial x^2} + \frac{\partial^2 \phi}{\partial y^2} + \frac{\partial^2 \phi}{\partial z^2} = 0 \tag{7.38}$$

7.6.2 圧力方程式

速度ポテンシャルを仮定した流れ場も運動方程式を満足するので，代入すると次式が導かれる．

$$\frac{p}{\rho} = -\frac{\partial \phi}{\partial t} - \frac{1}{2}(u^2+v^2) - \Omega + C(t) \tag{7.39}$$

定常な場合，ベルヌーイの式が導かれる．

$$\frac{p}{\rho} + \frac{1}{2}(u^2+v^2) + \Omega = \text{const} \tag{7.40}$$

式の導出：

密度 ρ を一定とし，式 (7.34) を式 (7.19) に代入すると，

$$\frac{\partial}{\partial x}\left[\frac{\partial \phi}{\partial t} + \frac{1}{2}(u^2+v^2) + \frac{p}{\rho} + \Omega\right] = 0$$

$$\frac{\partial}{\partial y}\left[\frac{\partial \phi}{\partial t} + \frac{1}{2}(u^2+v^2) + \frac{p}{\rho} + \Omega\right] = 0$$

が得られる．この2式から積分される関数は時間だけの関数となり，

$$\frac{p}{\rho} = -\frac{\partial \phi}{\partial t} - \frac{1}{2}(u^2+v^2) - \Omega + C(t) \tag{7.41}$$

[例題 7-4]

円筒座標系における速度ポテンシャルを定義しなさい．

（解）

円筒座標系なので，速度は，

$$\boldsymbol{u} = \nabla \phi$$

$$(u_r, u_\theta) = \left(\frac{\partial \phi}{\partial r}, \frac{1}{r}\frac{\partial \phi}{\partial \theta}\right)$$

円筒座標系でのラプラシアンは，

$$\nabla^2 \phi = \frac{1}{r}\frac{\partial}{\partial r}\left(r\frac{\partial \phi}{\partial r}\right) + \frac{1}{r^2}\frac{\partial^2 \phi}{\partial \theta^2} = 0$$

7.7 複素ポテンシャル

二次元の流れ場では複素表示による複素ポテンシャル (complex velocity potential) を用いると簡単な流れ場を表現することができ，その微分が速度を表す．すなわち，

複素ポテンシャル：

$$W = \phi + i\psi \quad (i^2 = -1,\ i \text{ は虚数を示す}) \tag{7.42}$$

複素ポテンシャルの微分：

$$\frac{dW}{dz} = u - iv \tag{7.43}$$

座標の定義：

二次元平面上での座標は複素数を用いて，

$$z = x + iy \tag{7.44}$$

で表される．図 7.13 に示すように $x = r\cos\theta$, $y = r\sin\theta$ なので，オイラーの公式 ($e^{i\theta} = \cos\theta + i\sin\theta$) より円筒座標系では，

$$z = re^{i\theta} \tag{7.45}$$

となる．

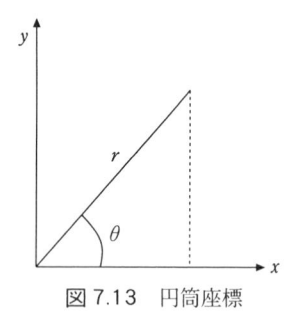

図 7.13　円筒座標

複素ポテンシャルの微分の導出：

W は x, y の関数なのでそれに対応し，二つの変数 $z, \tilde{z}(=x-iy)$ を変数にもつ関数である．

$$\frac{\partial x}{\partial \tilde{z}} = \frac{1}{2},\ \frac{\partial y}{\partial \tilde{z}} = \frac{i}{2},\ \frac{\partial x}{\partial z} = \frac{1}{2},\ \frac{\partial y}{\partial z} = -\frac{i}{2} \tag{7.46}$$

$\tilde{z}$ による微分は

$$\frac{\partial W}{\partial \tilde{z}} = \frac{\partial W}{\partial x}\frac{\partial x}{\partial \tilde{z}} + \frac{\partial W}{\partial y}\frac{\partial y}{\partial \tilde{z}}$$

$$= \frac{1}{2}\left(\frac{\partial W}{\partial x} + i\frac{\partial W}{\partial y}\right)$$

$$= \frac{1}{2}\left[\left(\frac{\partial \phi}{\partial x} - \frac{\partial \psi}{\partial y}\right) + i\left(\frac{\partial \phi}{\partial y} + \frac{\partial \psi}{\partial x}\right)\right] \tag{7.47}$$

ここで

$$u = \frac{\partial \phi}{\partial x} = \frac{\partial \psi}{\partial y}, \quad v = \frac{\partial \phi}{\partial y} = -\frac{\partial \psi}{\partial x} \tag{7.48}$$

より $\partial W/\partial \tilde{z} = 0$ となる．したがって W は z のみの関数となる．

数学的に複素数 W が考えている領域内で微分可能である（正則である）必要十分条件は，ϕ と ψ が全微分が可能でこのときつぎの関係，

$$\frac{\partial \phi}{\partial x} = \frac{\partial \psi}{\partial y}, \quad \frac{\partial \phi}{\partial y} = -\frac{\partial \psi}{\partial x} \tag{7.49}$$

が満足されなければならない．

この関係式を，コーシー・リーマンの関係（Cauchy-Riemann's relation）と呼ぶ．これは流体力学では渦なしで速度ポテンシャルが存在する条件となっている．

ϕ, ψ のそれぞれが一定の線に対する法線ベクトルは

$$\nabla \phi = \left(\frac{\partial \phi}{\partial x}, \frac{\partial \phi}{\partial y}\right), \quad \nabla \psi = \left(\frac{\partial \psi}{\partial x}, \frac{\partial \psi}{\partial y}\right) \tag{7.50}$$

で与えられる．その内積は

$$\nabla \phi \cdot \nabla \psi = 0 \tag{7.51}$$

より ϕ と ψ が一定の線は直交する．

式 (7.49) からそれぞれ微分をとると，

$$\nabla^2 \phi = 0, \quad \nabla^2 \psi = 0 \tag{7.52}$$

また，

$$\frac{dW}{dz} = \frac{\partial W}{\partial x}\frac{\partial x}{\partial z} + \frac{\partial W}{\partial y}\frac{\partial y}{\partial z} = \frac{1}{2}\left(\frac{\partial W}{\partial x} - i\frac{\partial W}{\partial y}\right)$$

$$= \frac{1}{2}\left[\left(\frac{\partial \phi}{\partial x} + \frac{\partial \psi}{\partial y}\right) + i\left(-\frac{\partial \phi}{\partial y} + \frac{\partial \psi}{\partial x}\right)\right]$$

$$= u - iv \tag{7.53}$$

7.8 複素ポテンシャルにより表される簡単な流れ

複素ポテンシャルを用いると簡単な流れ場を表すことができる．

7.8.1 一様な流れ

一様な流れを表す複素ポテンシャルは次式で与えられる．

$$W = Uz = Ux + iUy \quad (U は一様な流速) \tag{7.54}$$

上式より $\phi = Uy$ となり流れ関数が一定となる流線は y が一定，すなわち x 軸に平行な直線である（図7.14）．

$$\frac{dW}{dz} = U \tag{7.55}$$

から $u = U, v = 0$ で x 軸方向に一様な流れである．

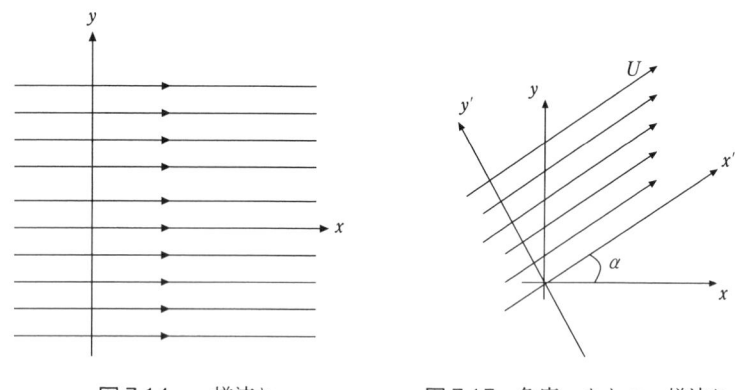

図7.14　一様流れ

図7.15　角度 α をもつ一様流れ

[例題 7-5]

角度 α をもつ一様な流速 U の流れの複素ポテンシャルを示しなさい．

（解）

角度 α 方向の座標 $z' = x' + iy'$ とすると，

$x = x'\cos\alpha - y'\sin\alpha$

$y = x'\sin\alpha + y'\cos\alpha$

から $z = z'e^{ia}$ となる．したがって，複素ポテンシャルは

$$W = Uz' = Uze^{-ia}$$

で表される．

7.8.2 吹出し（湧出し），吸込み

図 7.16 に示すように，吹出し（湧出し）はある点から周囲へ放出される流れのことで，これとは逆に，ある点に集中して吸い込まれる流れを吸込みという．この流れを表す複素ポテンシャルは以下で与えられる．

$$W = \frac{Q}{2\pi} \ln z = \frac{Q}{2\pi}(\ln r + i\theta) \quad (7.56)$$

$Q > 0$：吹き出し，$Q < 0$：吸込みを表す．複素ポテンシャルの定義から，$\phi = (Q/2\pi)\theta$，$\phi = (Q/2\pi)\ln r$ から流れ関数が

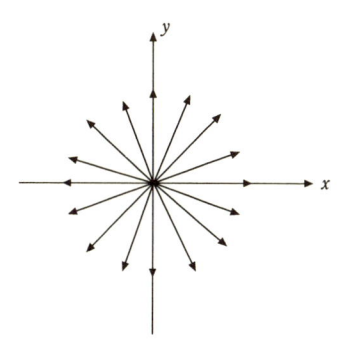

図 7.16 吹出し

一定の線は角度が一定の線を表すので，図 7.16 に示すように原点から放射状の流れである．円筒座標系より勾配 ∇ は

$$\nabla = \left(\frac{\partial}{\partial r}, \frac{1}{r}\frac{\partial}{\partial \theta}\right) \quad (7.57)$$

速度ポテンシャル ϕ から速度を求めると $v_r = Q/(2\pi r)$，$v_\theta = 0$ となり，Q が正の場合，流れは中心から半径方向外向きに流れる．この場合を吹出し（source）と呼び，反対に Q が負の場合，流れは半径方向内向きとなることから吸込み（sink）と呼ぶ．半径 r の円周を通過する流れの積分量 L_1 は流量でどの半径でも一定値 Q となる．

$$L_1 = v_r \times 2\pi r = Q \quad (7.58)$$

したがって，与えた Q は中心から吸込み，あるいは吹き出される紙面に垂直な単位幅当たりの流量を表している．

7.8.3 渦

図 7.17 に示す渦を表す複素ポテンシャルは次式になる.

$$W = -\frac{\Gamma i}{2\pi}\ln z = \frac{\Gamma}{2\pi}(\theta - i\ln r) \tag{7.59}$$

$z = re^{i\theta}$ とおくと, $\phi = -(\Gamma/2\pi)\ln r$, $\phi = (\Gamma/2\pi)\theta$ から流れ関数一定の線は半径が一定の線なので原点回りに回転する流れであることがわかる. 速度ポテンシャルから,

$$\nabla\phi = \left(\frac{\partial\phi}{\partial r}, \frac{1}{r}\frac{\partial\phi}{\partial\theta}\right) = \left(0, \frac{\Gamma}{2\pi r}\right) \tag{7.60}$$

となる. ここで半径 r の周上で周方向速度を積分するとその積分量 L_2 は循環量で, どの半径でも L_2 は一定値 Γ となる.

$$L_2 = 2\pi r v_\theta = \Gamma \tag{7.61}$$

したがって, 与えた Γ は循環量を表している.

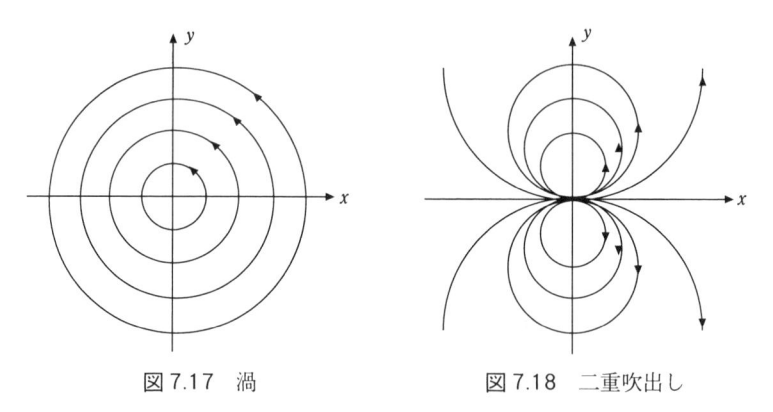

図 7.17　渦　　　　　図 7.18　二重吹出し

7.8.4 二重吹出し

図 7.18 に示す二重吹出しの流れは流れに置かれた物体を表現するのに利用される. この流れは吹出し, あるいは渦が近接して配置されたものであることを以下に示す.

$$W = -\frac{m}{2\pi z} = -\frac{m}{2\pi r}(\cos\theta - i\sin\theta) \tag{7.62}$$

m：二重吹出しの強さ（m は実数）

$\phi = m\sin\theta/(2\pi r)$, $\phi = -m\cos\theta/(2\pi r)$ となる．いま，$k = m/(4\pi\phi)$ とおくと $\sin\theta/r = r\sin\theta/r^2 = y/(x^2+y^2) = 1/(2k)$ より流れ関数が一定である $k=$ 一定の線は $x^2+(y-k)^2 = k^2$ となる．したがって，図 7.18 からもわかるように必ず x 軸に接する円群で表される．この流線の分布から，この流れは二重吹出し（doublet）と呼ばれる．いま原点に Q の強さをもつ吸込みがあり，原点より x 軸のプラス側に δ だけずれて吹出しがあるとする．このときの流れの複素ポテンシャル W は，

$$W = -\frac{Q}{2\pi}(\ln z) + \frac{Q}{2\pi}\ln(z-\delta) \tag{7.63}$$

ここで，$Q\delta = m$ となるように $\delta \to 0$ となる極限を考えると，

$$\lim_{\delta \to 0} W = \lim_{\delta \to 0} \frac{m}{2\pi} \frac{[\ln(z-\delta) - \ln z]}{\delta} = -\frac{m}{2\pi z}$$

となる．図からも原点近傍の右側では流れが吹き出し，また，左側からは流れが吸い込んでおり，二重吹出しは上記の近似の極限であることが理解できる．また，この二重吹き出しは二つの渦流れが接近して配置されているとみることもできる．同様に原点に $-\Gamma$ の渦があり y 軸のプラス側に反対向きの渦がある場合について考えるとその複素ポテンシャル W は，

$$W = -i\frac{\Gamma}{2\pi}(-\ln z + \ln(z-i\delta)) \tag{7.64}$$

ここで，$\Gamma\delta = m$ となるように $\delta \to 0$ となる極限を考えると，

$$\lim_{\delta \to 0} W = \lim_{\delta \to 0} \frac{m}{2\pi} \frac{[\ln(z-i\delta) - \ln z]}{i\delta} = -\frac{m}{2\pi z}$$

となる．

7.8.5 円柱周りの流れ

簡単な複素ポテンシャルを利用して物体回りの流れが表現できることを，円柱周りの流れを用いて示す．

$$W = Vz + R^2 \frac{V}{z} + i\frac{\Gamma}{2\pi}\ln z$$

$$= Vre^{i\theta} + \frac{R^2 V}{re^{i\theta}} + i\frac{\Gamma}{2\pi}\ln r - \frac{\Gamma\theta}{2\pi} \tag{7.65}$$

x 軸方向に一様な流れと二重吹出しと渦の三つを重ね合わせた流れ場について考える．この場合複素ポテンシャルは上式で与えられ，$z = re^{i\theta}$ とおくと，

速度ポテンシャル：

$$\phi = V\left(r + \frac{R^2}{r}\right)\cos\theta - \frac{\Gamma\theta}{2\pi} \tag{7.66}$$

流れ関数：

$$\psi = V\left(r - \frac{R^2}{r}\right)\sin\theta + \frac{\Gamma}{2\pi}\ln r \tag{7.67}$$

を得る．流れ関数から，$r = R$ では $\psi = \mathrm{const}$ となり半径 R の円は流線となる．また，

$$\frac{dW}{dz} = V - \frac{R^2 V}{z^2} + i\frac{\Gamma}{2\pi z} \tag{7.68}$$

となり，十分遠方での速度は $|z| \to \infty$ とすれば $dW/dz \to V$ の一様流となる．また $dW/dz = 0$ となる位置は速度がゼロのよどみ点であるがその位置は，

$$\frac{z}{R} = -\frac{\Gamma i}{4\pi RV} \pm \sqrt{1 - \left(\frac{\Gamma}{4\pi RV}\right)^2} \tag{7.69}$$

となり，図 7.19 に示すように，循環と一様流の速度の関係から流れのパターンが決定される．

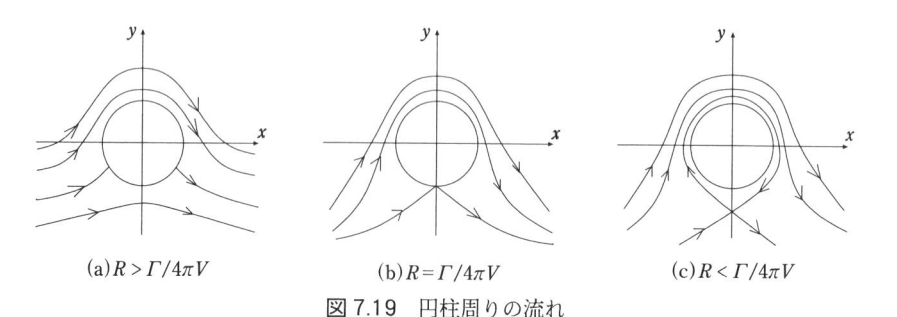

(a) $R > \Gamma/4\pi V$ (b) $R = \Gamma/4\pi V$ (c) $R < \Gamma/4\pi V$

図 7.19　円柱周りの流れ

7.8 複素ポテンシャルにより表される簡単な流れ

ここで，この円柱が受ける力を評価してみよう．

円柱が受ける抗力と揚力：

流れの中に物体があると流体によって物体は力を受ける．その力を流れの方向とそれと直交する方向に分解し，そのそれぞれを抗力（drag）と揚力（lift）と呼ぶ．円柱が受ける抗力 D と揚力 L はそれぞれ次式で表される．

$$D = -\int_0^{2\pi} Rp\cos\theta\,\mathrm{d}\theta = 0 \tag{7.70}$$

$$L = -\int_0^{2\pi} Rp\sin\theta\,\mathrm{d}\theta = \rho V\Gamma \tag{7.71}$$

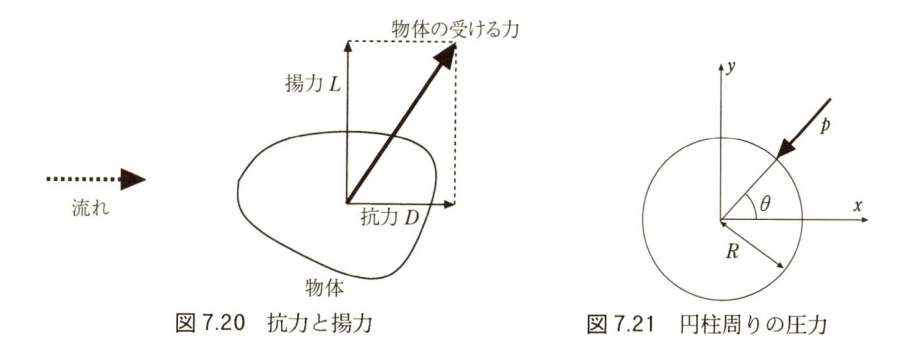

図 7.20 抗力と揚力

図 7.21 円柱周りの圧力

円柱表面上の流速 v_q は，

$$v_q = \left(\frac{1}{r}\frac{\partial\phi}{\partial\theta}\right)_{r=R} = -V\left(2\sin\theta + \frac{\Gamma}{2\pi RV}\right) \tag{7.72}$$

よどみ点圧力を p_0 としベルヌーイの式を適用すると円柱表面上の圧力は，

$$p = p_0 - \frac{1}{2}\rho v_q^2 = p_0 - \frac{1}{2}\rho V^2\left(2\sin\theta + \frac{\Gamma}{2\pi RV}\right)^2 \tag{7.71}$$

円柱表面上で圧力を積分すると式 (7.70), (7.71) が得られる．

この結果，抗力はゼロで，常識に反する結果が得られる．これは，理想流体を仮定し粘性を全く無視したためである．これをダランベールの背理（d'Alembert paradox）と呼ぶ．回転しない円柱では循環がゼロなので当然揚力も発生しないが，円柱周りに時計回りの流れがあれば揚力は上向きに，逆の場合は下向きに発生する．これをマグヌス効果（Magnus effect）と呼び，円柱に

限らず球の場合も回転が与えられると流れと直角の方向に力が働く．

7.9 等角写像

等角写像の定義：

$z=x+iy$ 平面上の任意の点が $\zeta=\xi+i\eta$ 平面上に 1 対 1 に対応させることができることを変換といい，この変換により z 平面から ζ 平面に移される図形を写像という．写像関数が正則のとき，図形上で写像される角度は等角になる．

ある複素ポテンシャルの流れから写像により新しい流れをつくることを考える．$\zeta=\xi+i\eta$ が z の正則関数ならば，ある位置 $z_0=x_0+iy_0$ に対し $\zeta_0=\xi_0+i\eta_0$ の値が決まる．ここで z_0 より微小距離にある z_1, z_2 に対応する点をそれぞれ ζ_1, ζ_2 とすると，

$$\zeta_1-\zeta_0=\frac{d\zeta}{dz}(z_1-z_0), \quad \zeta_2-\zeta_0=\frac{d\zeta}{dz}(z_2-z_0) \tag{7.74}$$

これより，

$$\frac{\zeta_1-\zeta_0}{\zeta_2-\zeta_0}=\frac{z_1-z_0}{z_2-z_0} \tag{7.75}$$

ここで $z_1-z_0=r_1 e^{i\theta_1}$，$z_2-z_0=r_2 e^{i\theta_2}$，$\zeta_1-\zeta_0=l_1 e^{i\beta_1}$，$\zeta_2-\zeta_0=l_2 e^{i\beta_2}$ とすると，

$$\frac{l_1}{l_2}e^{i(\beta_1-\beta_2)}=\frac{r_1}{r_2}e^{i(\theta_1-\theta_2)} \tag{7.76}$$

となる．すなわち，写像関数が正則ならば，$\beta_1-\beta_2=\theta_1-\theta_2$ で z_0 での角度は

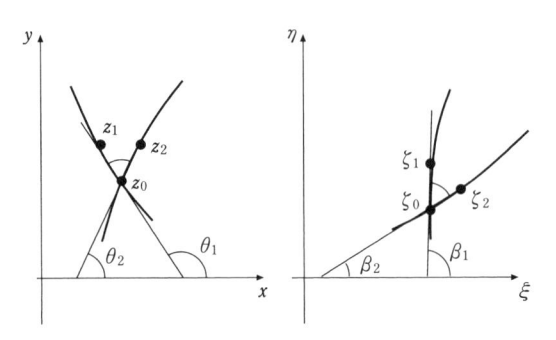

図 7.22　等角写像

写像後も等しくなることから，等角写像（conformal mapping）と呼ばれる．

7.10 等角写像の応用

7.10.1 ジューコフスキー変換

いま，つぎの写像関数（ジューコフスキー変換）について考えてみる．

$$\zeta = z + \frac{a^2}{z} \quad (a>0) \tag{7.77}$$

z 平面上で原点に中心をもつ半径 R の円（$R>a$）を考えると，円は $z=Re^{i\theta}$ で表されるので，代入すると，

$$\zeta = Re^{i\theta} + \frac{a^2}{R}e^{-i\theta} = \xi + \eta i \tag{7.78}$$

$$\xi = \left(R + \frac{a^2}{R}\right)\cos\theta, \quad \eta = \left(R - \frac{a^2}{R}\right)\sin\theta \tag{7.79}$$

これより，半径 R の円は

$$\xi^2 / \left(R + \frac{a^2}{R}\right) + \eta^2 / \left(R - \frac{a^2}{R}\right) = 1 \tag{7.80}$$

楕円に写像される．とくに $R=a$ とした場合，

$$\xi = 2a\cos\theta, \quad \eta = 0 \tag{7.81}$$

となり円は $-2a \leq \xi \leq 2a$ の線分に写像されることになる．

さらに，これらの結果を利用し，角度 α で一様流れに置かれた平板（翼）の流

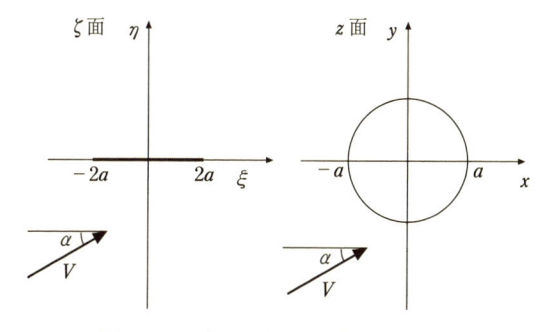

図 7.23　平板（翼）と円柱周りの流れ

7.10.2 平板翼の揚力

$$L = \rho V \Gamma = 4\pi \rho a V^2 \sin\alpha \tag{7.82}$$

z 平面上での複素ポテンシャルは,これまでの円柱周りの流れを若干修正して利用する.すなわち,一様流の方向は図7.23に示すように角度 α で流れてくることから z を $ze^{-i\alpha}$ と修正すればよい(例題7-5参照).

$$W = Vze^{-i\alpha} + a^2 \frac{V}{z} e^{i\alpha} + i\frac{\Gamma}{2\pi} \ln z \tag{7.83}$$

ただし,右辺の第3項目については原点周りの回転流れを表現する項なので,一様流の流れ角度の変更とは関係ないので修正はしない.したがって ζ 平面上での速度は,

$$\frac{dW}{d\zeta} = \frac{dW}{dz} \Big/ \frac{d\zeta}{dz} = \frac{dW}{dz} \Big/ \left(1 - \frac{a^2}{z^2}\right)$$

$$= \left[Ve^{-i\alpha}\left(1 - \frac{a^2}{z^2}e^{i2\alpha}\right) + i\frac{\Gamma}{2\pi z}\right] \Big/ \left(1 - \frac{a^2}{z^2}\right) \tag{7.84}$$

$|z|=a$ は平板の両端であるが,平板の前縁($z=-a$)近くでは迎え角により流れの衝突の様子が変わり,平板の下面に衝突した流れは前縁を回り込み平板に沿って流れると考えられる.一方の下面側の流れも同様であるが,前縁とは異なり後縁($z=a$)では平板を回り込む流れはなく速やかに下流側へと流れていくと考える.後縁でのこの条件をクッタ(Kutter)の条件あるいはジューコフスキーの仮定と呼ぶ.具体的には後縁での流速がゼロであれば,後縁をまたぐ流れは発生しない.したがって上式から $z=a$ を代入すると,

$$Ve^{-i\alpha}(1 - e^{i2\alpha}) + i\frac{\Gamma}{2\pi a} = 0 \tag{7.85}$$

これより

$$\Gamma = 4\pi a V \sin\alpha \tag{7.86}$$

となる.平板(翼)に発生する揚力 L はジューコフスキー変換によって変わらないので円柱に作用する揚力から $L = \rho V \Gamma$ で与えられる.

$$L = \rho V \Gamma = 4\pi \rho a V^2 \sin\alpha \tag{7.87}$$

第7章の演習問題

(7-1)

速度ポテンシャルが $\phi = \cosh x \sin y$ で与えられたとき，以下の問に答えなさい．

(a) 速度を求め，連続の式が満足されていること，渦なし流れであることを示しなさい．

(b) この流れ場の流れ関数を求め，原点と点 (x_1, y_1) の間を流れる流量を求めなさい．

(c) 原点における圧力を p_0 として，点 (x_1, y_1) における圧力を求めなさい．

(7-2)

二次元場において無限に広がる壁 ($y=0$) があり，点 $(0, h)$ の位置に吹出しがある．このような流れについて考える．

(a) 点 $(0, h)$ にある吹出しの複素ポテンシャルを示しなさい．

(b) 壁に対称な位置 $(0, -h)$ に同じ強さの吹出し（もとの吹出しに対する鏡像）を置くことで $y=0$ が壁となることを示しなさい（鏡像をおくことで簡単に壁を表現することができる）．

(c) 無限遠方での圧力を p_0 として壁上の圧力分布を求めなさい．

(d) 点 $(0, h)$ の位置に渦がある場合の複素ポテンシャルを示し，この場合の鏡像についても示しなさい．

(e) 無限遠方での圧力を p_0 として，渦がある場合の壁上の圧力分布を求めなさい．

(7-3)

x 軸の正の方向に流速 v_∞ で流れる一様流中に，楕円柱が置かれている．楕円の長軸 a，短軸 b とし，長軸が x 軸に平行である．

(a) このときの複素ポテンシャルを示しなさい．

(b) 楕円の表面上での流速ならびに圧力分布を示しなさい．

第8章 流れの測定

流れ現象の測定 (measurement) は，実際上様々な状況において求められる．特に，流れの圧力，速度，流量の測定は様々な工学，工業分野で必要であり，これらの測定法には対象となる流れの状態，機器の設置状況などにより様々な方法がある．例えば，タンク内の圧力測定，プラント管路内の流速や流量の測定などには，それぞれに適した方法がある．一方，様々な流体機器の設計や流動状態の予測のために，モデルや実物を用いて流れの測定を行うことはコストや設備の点で困難であったり物理的に不可能な場合も多い．そのため，最近では流れ場を数値解析によって多くの条件下で行い，代表的な条件での数値解析結果を測定によって検証する手法が用いられている．

本章では，種々の流れの測定について基礎的事項や事例を述べる．

8.1 圧　力

ダムの壁面に作用する圧力を複数点で測定することによりダム全体に作用する力を求めることができる．また，飛行中の航空機前方の動圧の測定から航空機の速度を求めることもできる．さらに，海中の潜水艦に作用する水圧を測定することにより潜水艦の深さを求めることもできる．このように圧力の測定は様々な物理量を求めるのに利用される．

本節では各種の圧力測定について述べる．

8.1.1 液柱圧力計（マノメータ）とトリチェリの水銀気圧計

圧力 p と液面の高さ h は，$p=\rho gh$ で関係づけられるので鉛直に立てたガラス管内の液柱高さ h から圧力 p を測定する装置を液柱圧力計（マノメータ）という（2.3.2項，図2.6〜2.8，参照）．液柱圧力計には，真直ぐなガラス管を鉛直に立てたもの，U字管圧力計，逆U字管圧力計，微圧測定用の傾斜管圧力計（図8.1）などがある．測定する流体の圧力 p が大きくなると $p=\rho gh$ の関係から h が大きくなるため，測定に必要なガラス管を長くする必要がある．この場合，U字管圧力計では，密度 ρ を大きくすれば p が大きくても h は小さくて良

いため，対象となる圧力の大小により密度 ρ の異なる液体を用いれば幅広い圧力の測定が可能である．

トリチェリの水銀気圧計（例題 2-1，参照）は，液柱圧力計の原理を利用して絶対圧力としての大気圧を測定する装置であり，水銀の高さ $h=760$ mm から大気の絶対圧力は次のように計算できる．

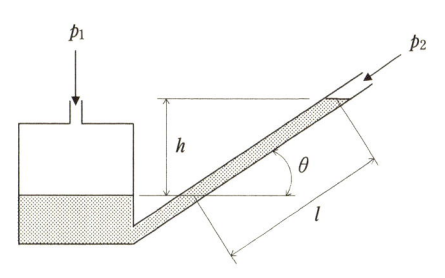

図 8.1 傾斜管圧力計

$$p = \rho g h = (13.56 \times 10^3 [\text{kg/m}^3]) \times 9.807 [\text{m/s}^2] \times 0.760 [\text{m}]$$
$$= 101.3 \times 10^3 [\text{Pa}] \tag{8.1}$$

8.1.2 弾性圧力計

ばねや細管などの力による弾性変形を利用して機械的に圧力を測定する装置を弾性圧力計（elastic piezometer）という．代表的なものに，ブルドン管圧力計（Bourdon pressure gauge）やアネロイド気圧計（aneroid barometer）がある（図 8.2）．

ブルドン管圧力計では，圧力供給口から加えられた圧力が先端が閉じられ曲がっている弾性管を歪ませることにより，先端に取り付けられているリンクや

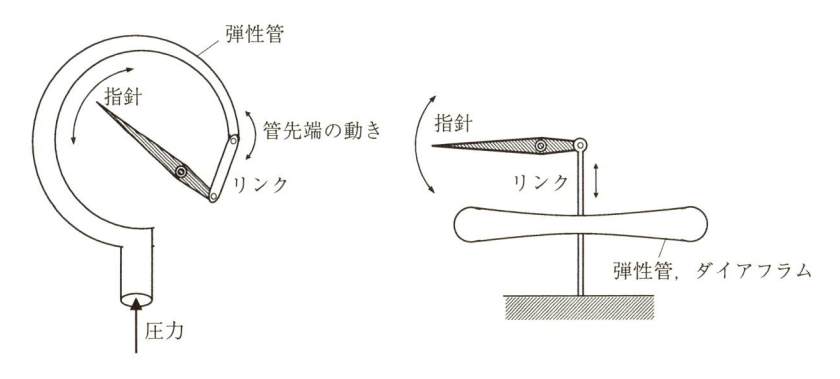

(a) ブルドン管圧力計　　(b) アネロイド気圧計

図 8.2 弾性圧力計

歯車により指針を回し圧力値を指示する．大気圧のときに指針を零に設定しておけば，ゲージ圧力計として使用できる．

アネロイド気圧計では，弾性体で作られたダイアフラムが圧力供給によってたわみ，それによって指針が圧力値を指示する．ダイアフラムは密閉されているため，アネロイド気圧計では絶対圧力を測定する．

弾性圧力計は構造が簡単なので簡易圧力機器に多く用いられている．

8.1.3 静圧測定器

管路の静圧を測定する場合，管路壁面に小孔を開けマノメータなどに導く方法が一般的である．この場合，小孔を開けた部分は管路側に出っ張りがあると誤差を生じるため面を滑らかにしておく必要がある．

静圧管（static tube）は細管の側面に小孔を開けたもので，流れ方向に沿わせて静圧管を挿入して，小孔から静圧をマノメータなどに導いて測定する．このとき，静圧管が流れに斜めに挿入されると誤差が生じるため沿う方向に挿入する必要がある．図8.3 (a) に，静圧孔の形状と測定値に及ぼす誤差を示す．また，図8.3 (b) に流れ場の静圧を測定するための一例として静圧ピトー管を示

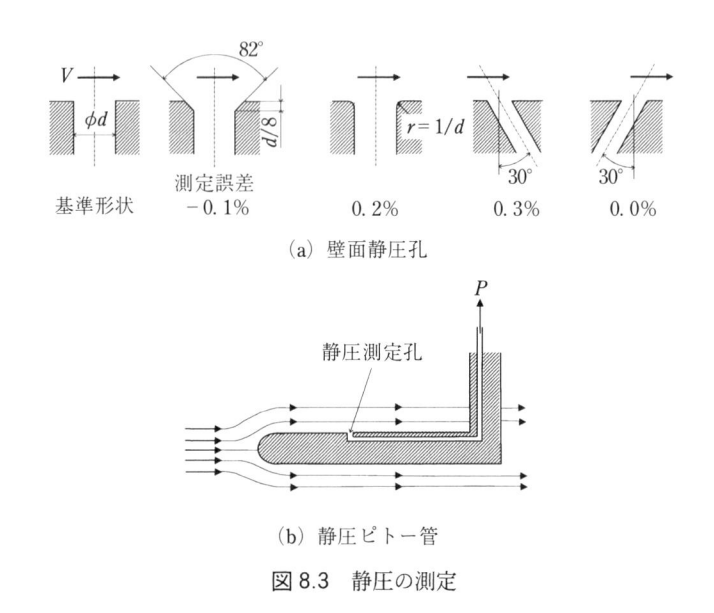

(a) 壁面静圧孔

(b) 静圧ピトー管

図8.3 静圧の測定

す.

8.1.4 半導体式圧力変換器

圧力によってセンサ内の受圧膜がたわみ，それによって膜の電気抵抗が変化することを利用して，圧力を求める装置を半導体式圧力変換器（semi-conductor type pressure transducer）という．これには，絶対圧力（absolute pressure）を求めるものと差圧（differential pressure）を求めるものがある．応答性が良いため，変動圧力を測定するのに適している．図8.4に半導体式圧力変換器の構成の例を示す．

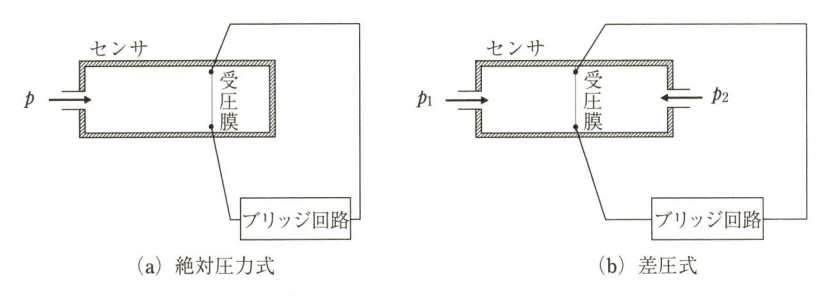

(a) 絶対圧力式　　(b) 差圧式

図 8.4　半導体式圧力変換器

8.2 速　度

流れの速度を測定することは，流体の運動を直接観察することができるため，流体現象を把握する上で有用である．また，複数の点で測定した速度から求めた空間的な速度分布は渦の発生や流動損失の解明など実用上の課題を解決するために有益な情報が得られる．

本節では様々な流れに対応した各種の速度測定方法について述べる．

8.2.1 ピトー管

流れの動圧と静圧の差から流れの速度を測定する機器をピトー管（Pitot tube）という（図8.5，3.6.3項，参照）．ピトー管の先端には流れが衝突し，よどみ点（stagnation point）となっているために先端での圧力は $p_s = p_0 + (1/2)\rho u^2$ となる．ここで，p_0 と u はそれぞれ一様流の圧力（静圧）と速度で

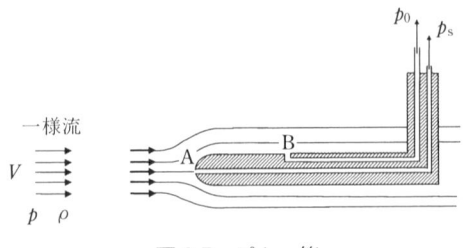

図8.5 ピトー管

ある．したがって，差圧 $p_s - p_0$ を測定すれば速度が求められる．ここで，p_0 は通常ピトー管の側面に開けられた小孔から測定される（8.1.3項，参照）．

8.2.2 回転式流速計

流れによって回転するプロペラやカップの回転数を機械的に測定し，回転数と流れの速度との関係から速度を求めるものを回転式流速計という（図8.6）．回転体の慣性や大きさによって，測定可能な流速範囲や応答性が異なる．

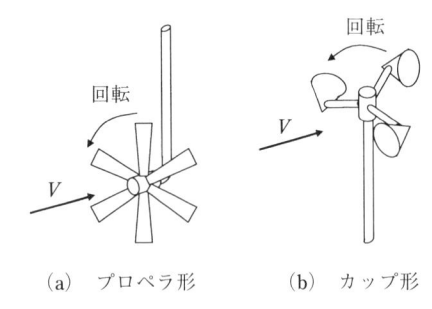

(a) プロペラ形　　(b) カップ形

図8.6 回転式流速計

8.2.3 熱線流速計

流れの中に置かれたタングステンやプラチナの細い導線（一般に，直径5, 6 μm）に電流を通じると，それらは流れによって冷却され抵抗値が変化し電流が変化する．この電流の変化と流れの速度との関係から速度を求める装置を熱線流速計（hot-wire anemometer）という（図8.7）．熱線流速計はセンサ部が小さく応答性が良いので，乱流などの瞬時速度を測定するのに適しているが，線が破断しな

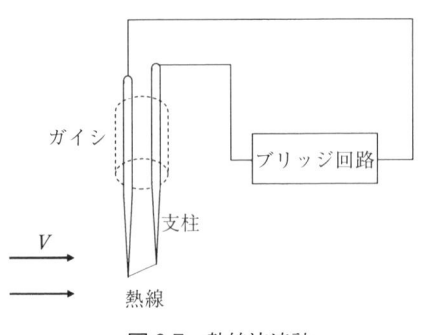

図8.7 熱線流速計

いように取扱いに注意が必要である．熱線流速計と同様の原理を用いて，ガラス被覆した金属性の膜に通電することにより流れの速度を測定するものを熱膜流速計（hot-film anemometer）という．熱膜流速計は熱線流速計よりもセンサ部は大きくなるが，被覆されているために流れに対する耐久性は向上しおもに液体に使用される．

8.2.4 レーザ・ドップラー流速計

同一波長のレーザビームを交差させると交差した点で干渉縞が生じる．この点に煙や金属粉などの微粒子を通過させると，干渉縞の明の部分を通過するときには微粒子が光り，暗の部分を通過するときには微粒子の光が消える．すなわち，一定の周波数で光が発生する．干渉縞の間隔 δ はレーザビームの波長 λ と交差角 θ によって決まるので，微粒子の光る間隔と干渉縞の間隔から流れの速度 V が計算できる．この原理によって速度を測定する装置をレーザ・ドップラー流速計（laser Doppler velocimeter, LDV）という（図8.8）．レーザ・ドップ

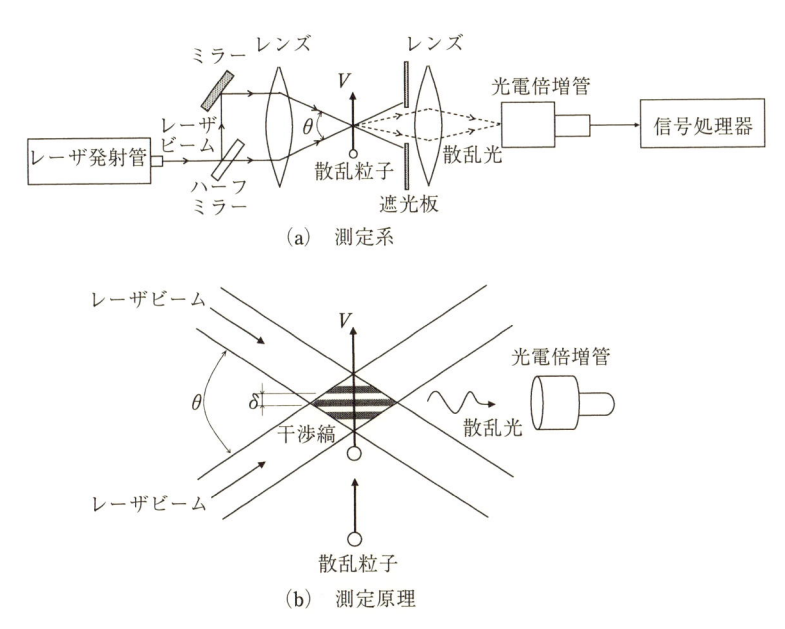

(a) 測定系

(b) 測定原理

図8.8　レーザ・ドップラー流速計

ラー流速計は，非接触で流れの速度を測定することができるので，近年，広く利用されている．しかしながら，流れに追随する十分小さなトレーサ（一般に，直径数 μm の微粒子）が必要である．

8.2.5 粒子画像流速計

煙や金属粉などの微粒子を含んだ流れを微小時間間隔で撮影し，撮影した画像の中で微小な検査領域を切り出し，画像間の相関が最大になるような検査領域の位置関係を，その位置での流体の速度として測定する装置を粒子画像流速計（particle image velocimeter, PIV）という（図 8.9）．撮影する流れの面に強力な光を当てることが要求されるため，通常はパルスレーザのシート光を流れに照射し，CCD カメラで同期して測定する．PIV は個々の粒子の追跡は行わず，検査領域内の粒子の平均速度を求めるのに対して，時間差撮影した画面の間で個々の粒子の対応関係を求めて，それらを各点での速度として測定するものを粒子追跡流速計（particle tracking velocimeter, PTV）という．

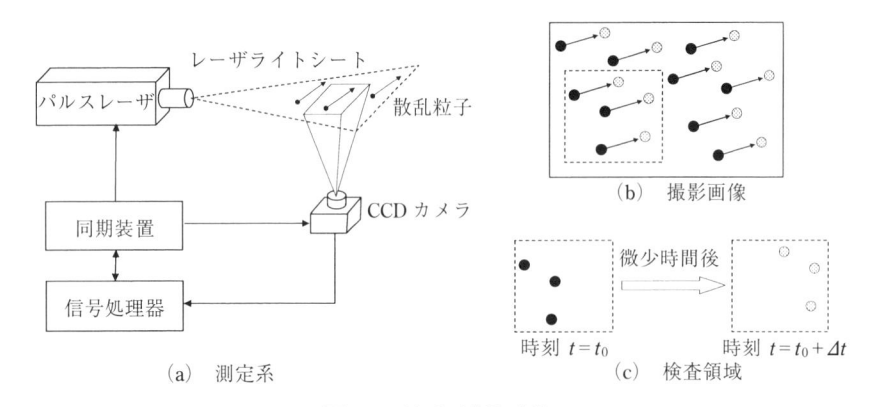

図 8.9　粒子画像流速計

8.2.6 超音波流速計

流れの中に超音波を発射すると，速度によるドップラー効果により音波の周波数が変化する．送受波器から発信した超音波パルスの伝播速度は流れによって変化するため，送受波器間の距離と伝播時間から音波方向への流速成分 V_A

を求め，これから流れの速度 V を測定するものが超音波流速計（ultrasonic velocimeter）である（図 8.10）．超音波流速計は速度零から測定可能であり，測定精度が高い．また，音速が温度によって変化することを利用して温度の測定も可能である．

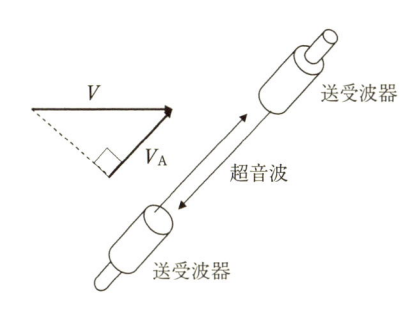

図 8.10　超音波流速計

8.3　流　量

速度の測定が流れの局所的な現象の解明に適しているのに対し，実用上は流量の把握を必要とされることが多い．水道水や都市ガスの使用量の測定などのほか，プラント配管を流れる各種流体の流量の制御など，流量の測定は幅広く使用されている．

本節では各種の流量の測定について述べる．

8.3.1　重量法

流量の最も簡便な測定方法は，流れている流体を一定時間に升やタンクで汲み取り，その重量を測定し，時間で割ることにより流量を求める方法である．しかし，流量が多い場合には，汲み取ることが困難となるために適さない．また，容器の体積によって流量を測定する方法を体積法という．

8.3.2　羽根車式流量計

管路内に羽根車形状の回転体を取り付けることにより，その回転数を機械的に測定して回転数と流量との関係から流量を求めるものを羽根車式流量計（turbine flowmeter）という（図 8.11）．

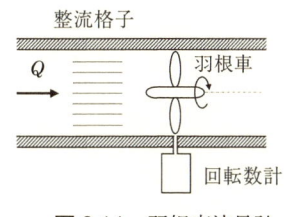

図 8.11　羽根車流量計

8.3.3 フロート式流量計

管路の途中にテーパ状の鉛直管を取り付けその中に浮子を置くと，流れによる鉛直上向きの流体力と浮子の重量との平衡によりフロートが上下し，その位置により流量を求めるものをフロート式流量計 (rotameter) という (図 8.12).

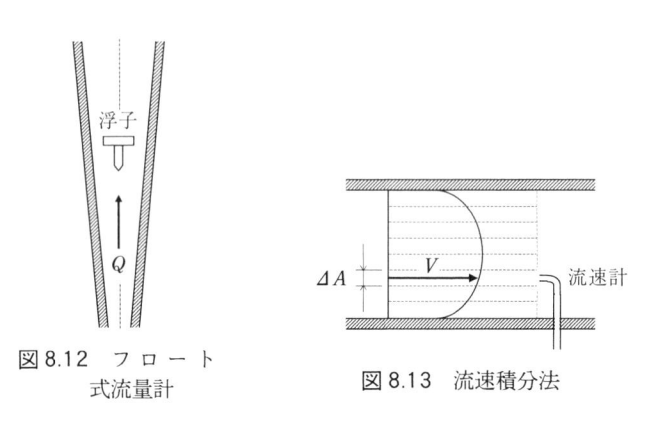

図 8.12 フロート式流量計

図 8.13 流速積分法

8.3.4 流速積分法

流路断面内の複数点で速度を測定し，断面全体に渡って速度と面積の積 $V\varDelta A$ の和をとり断面内の流量を計算する方法を流速積分法という．この方法は管路だけでなく，水路や河川においても利用されている (図 8.13).

8.3.5 絞り流量計

管路途中で断面積を絞ると，速度が急激に増加し圧力が減少する．絞り部の上流と下流の圧力差と流量の関係から管路の流量を測定する装置を絞り流量計という (図 8.14). 絞り流量計には，オリフィス (orifice)，ノズル (nozzle) お

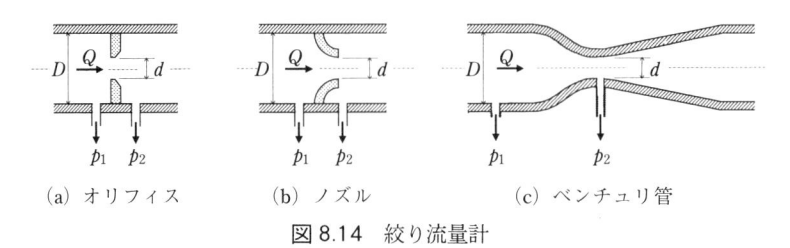

(a) オリフィス　　(b) ノズル　　(c) ベンチュリ管

図 8.14 絞り流量計

よびベンチュリ管（venturi tube）などがあり，これら絞り流量計の形状は規格により定められている．オリフィスは板に孔を開けた形状であり，角部によって急激に流れを絞る．これに対してノズルは曲面により滑らかに流れを絞る．ベンチュリ管は，絞り部の流動損失を減らすために緩やかな絞りによる圧力低下と，それに引き続き緩やかな広がりを与えて圧力を回復させる流量計である．ベンチュリ管は，管摩擦損失と広がり損失の兼ね合いにより最適な広がり角が定まり，6～8°が最適である（3.6.4項，参照）．

8.3.6 せ き

開きょ（open channel）の流れの途中にせき（weir）を設け，そのせきを乗り越える流れの高さ H，水深 D と流量との関係から流量を測定する装置がせきである（図8.15）．せきには三角せき，四角せき，全幅せきなどがある（図8.16）．これらせきの形状は規格により定められている．直角三角せきは，切欠き部分の角度が90°である．また，四角せきは切欠き部分の幅 b も流量に関係する．

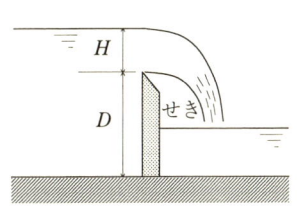

図8.15　せきの流れ

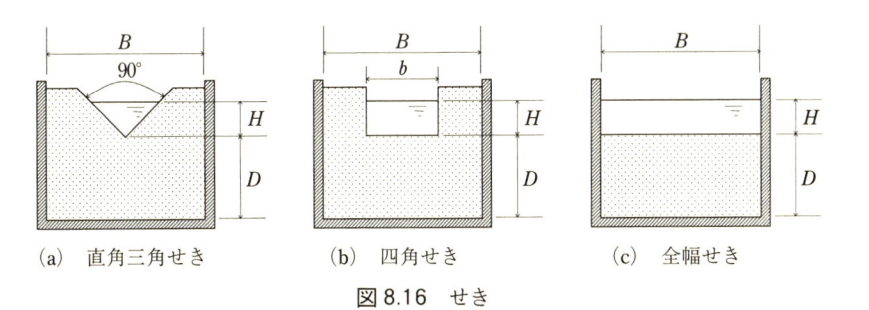

(a) 直角三角せき　　(b) 四角せき　　(c) 全幅せき

図8.16　せき

8.3.7 電磁流量計

導電性のある流体が磁界を横切るときに，流体に接するように電極を入れるとファラデーの電磁誘導の法則により起電力が発生する．発生する起電力が流量に比例することを利用して流量 Q を測定する装置を電磁流量計（magnetic flowmeter）という（図 8.17）．電磁流量計は圧力損失がなく，流体の粘度，密度，圧力，レイノルズ数に関係なく測定できる．

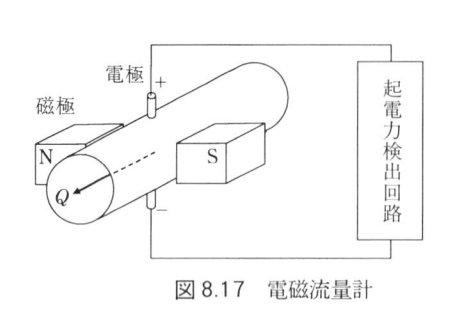

図 8.17　電磁流量計

図 8.18　超音波流量計

8.3.8 超音波流量計

流れの中に発信した超音波と受信した超音波の周波数の差を検出し，流量を測定する装置を超音波流量計（ultrasonic flowmeter）という（図 8.18）．超音波流量計は，管路径の小さいものから大きいものまで幅広く使用することができる．

8.3.9 渦流量計

流れの中に物体を置くと物体後方に規則的な渦列，いわゆるカルマン渦が発生する（例題 4-3，参照）．この現象を利用し，流れの中の渦発生体から放出されるカルマン渦放出周波数を測定し，速度が周波数に比例していることを利用して流量を測定する装置を渦流量計（vortex flow-meter）あるいはカルマン渦流量計という（図 8.19）．

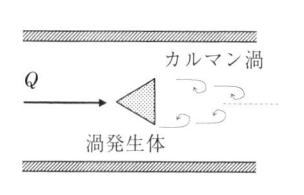

図 8.19　カルマン渦流量計

第 8 章の演習問題

(8-1)

図 8.20 のように水平な水の流れの中にピトー管を流れに沿って挿入し，ピトー管先端と側壁でのゲージ圧力がそれぞれ $p_A = 2.5$ kPa，$p_B = 0.5$ kPa となる

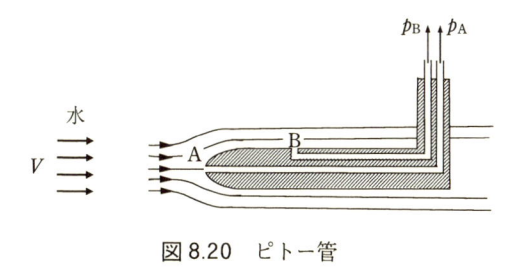

とき，流れの速度を求めなさい．

(8-2)

図8.21のようにタンクから流出する水を升で受け10秒間に200 kgの水が貯まるとき，タンクから流出する流量を求めなさい．

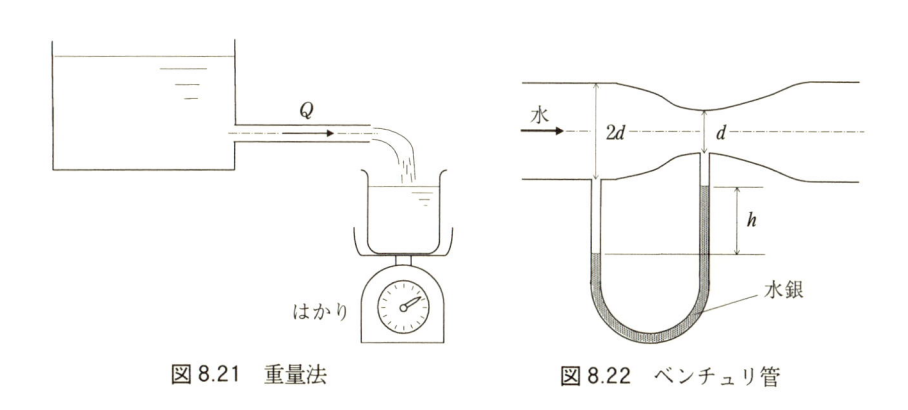

図8.20 ピトー管

図8.21 重量法

図8.22 ベンチュリ管

(8-3)

図8.22のような入口内径50 mm，のど部内径25 mmのベンチュリ管内を密度1.226 kg/m^3の空気が流れている．いま比重0.8のエチルアルコールを入れたU字管圧力計の読みが30 mmであった．このとき，管内を流れる空気の流量を求めなさい．

演習問題の解答

(1-1) 断熱指数は，$\kappa = 1.376$．

(1-2) 体積減少率は，0.6%，圧縮率は，8.333×10^{-10} Pa．

(1-3) $u = -0.5y^2 + 2y$．

(1-4) 表面張力がワイヤを押し上げる力とワイヤ重量が釣り合っている．ワイヤ直径は，1.557 mm．

(2-1) 力は，3.142×10^3 N．

(2-2) 絶対圧力は，570 mmHg，75.98 kPa．

(2-3) 圧力差は，$p_1 - p_2 = (\rho_w - \rho_{oil})gh = 784.5$ Pa．

(2-4) ゲートに作用する力の水平成分4903 N，鉛直成分1777 N より，ゲートには合力5215 N が水平線から19.92°の右斜め上方向に作用する．

(2-5) 円形の断面二次モーメント，浮力，重心と圧力中心の距離からメタセンタ高さを求め，安定条件を適用する．円筒の長さは，0.154 m．

(3-1) 縮流前は，0.497 m/s，縮流後は，1.989 m/s．

(3-2) 流量は，（速度）×（速度に垂直な面積）であることに留意する．流出速度は，4 m/s．

(3-3) 噴出速度は，19.89 m/s．

(3-4) A点での速度は，8.857 m/s，ゲージ圧力は，-58.84 kPa．

(3-5) 水受けに作用する力は，6283 N．

(3-6) 水車のトルクは，2.106×10^6 N・m，軸動力は，6.616×10^6 W．

(3-7) $u = k/r$ から定数 k を求める．循環は，18.85 m²/s．

(4-1) $Q = C(R^4/\mu)(\Delta p/l)$，$C$：定数．

(4-2) $D_s = \rho_w l^2 u^2 f(u/\sqrt{gl})$．

(4-3) $H_m = 7.81$．

(4-4) $D = K(1/M)^{2\delta} \rho u^2 A$，$\delta$：定数．

(4-5) $c = k(p/\rho)^{1/2}$, k：定数．

(5-1) 流量 Q は，式 (5.13) から求まりそれを管断面積で割ると平均流速 u_m が求まる．
$$u_\mathrm{m} = [-\pi R^4/(8\mu)](\mathrm{d}p/\mathrm{d}x)/(\pi R^2) = [-R^2/(8\mu)](\mathrm{d}p/\mathrm{d}x) \tag{1}$$
最大流速 u_max は管中心 $r=0$ で生じるので式 (5.12) より，
$$u_\mathrm{max} = [-R^2/(4\mu)](\mathrm{d}p/\mathrm{d}x) \tag{2}$$
式 (1) と (2) より，$u_\mathrm{max} = 2u_\mathrm{m}$．

(5-2) 速度分布に 1/7 乗則を用い，問題 (5-1) と同様の計算を行うと解が得られる．

(5-3) ハーゲン・ポアズイユ流れを仮定すると，管内を流れる流量 Q は式 (5.13) で求められる．つぎに，かなり直径 d の小さい長さ l（例えば，$d = 1.0$ mm，$l = 300$ mm）のガラス管を用意し，それを水平に設置して一定水頭 h（例えば，$h = 100$ mm）の容器につなぎ，液体を流す．ガラス管の出口で流量 Q をストップウオッチとメスシリンダーなどを使って測定し，それを式 (5.13) に代入すると液体の粘度 μ が求められる．なお，式 (5.13) 中の $\Delta P/l$ は h で与えられる．

(5-4) 水のときは，$Q = 1.814 \times 10^{-4}$ m^3/s，空気のときは，$Q = 2.731 \times 10^{-3}$ m^3/s．

(5-5) $Q = 20$ l/min のとき層流となり，層流の管摩擦係数から摩擦損失ヘッドは，0.0417 m．$Q = 200$ l/min のとき乱流となりブラジウスの管摩擦係数の式から摩擦損失ヘッドは，1.909 m．

(5-6) 粗さ ε/d と Re 数を計算してムーディ線図から管摩擦係数を読みとる．摩擦損失ヘッドは，0.207 m．

(5-7) 緩やかに広がる損失係数の線図から ξ を読み取り，拡大前の速度 40.74 m/s と拡大後の速度 10.19 m/s を用いて損失ヘッドを求めると，19.04 m．

(6-1) 断面積 $A = 0.0589$ m^2，ぬれ縁長さ $s = 0.657$ m から水力平均深さ $m = A/s = 0.0897$ m が求まる．勾配 $i = 0.001$，$n = 0.015$，$p = 0.06$（表 6.1）

を各公式に代入してシェジー係数 C を求め，流量 $Q = AV = AC\sqrt{mi}$ を求める．

(a) バザンの式から $C = 72.48$ となるので，流量は，$Q = 4.045 \times 10^{-2}$ m^3/s．

(b) ガンギエ・クッタの式から $C = 40.91$ となるので，流量は，$Q = 2.283 \times 10^{-2}$ m^3/s．

(c) マニングの式から $C = 44.60$ となるので，流量 $Q = 2.489 \times 10^{-2}$ m^3/s．

(6-2) 流量一定のとき跳水によって生じる損失ヘッドは，
$$\left(h_1 + \frac{V_1^2}{2g}\right) - \left(h_2 + \frac{V_2^2}{2g}\right) = \frac{(h_2 - h_1)^3}{4 h_1 h_2} = 0.0133 \text{ m}.$$

(6-3) 単位幅当たりの流量 $q = Q/b$ を用いて式 (6.15) から臨界水深 $h_c = (q^2/g)^{1/3}$ を計算する．

(a) $q = Q/b = 2.5$ m^3/s/m となるので $h_c = 0.861$ m となる．これは水深 1 m よりも浅いので流れは常流である．

(b) $q = Q/b = 5.0$ m^3/s/m となるので $h_c = 1.366$ m となる．これは水深 1 m よりも深いので流れは射流である．

(7-1)

(a) $u = \dfrac{\partial \phi}{\partial x} = \sinh x \sin y$, $v = \dfrac{\partial \phi}{\partial y} = \cosh x \cos y$.
$\nabla u = \dfrac{\partial^2 \phi}{\partial x^2} + \dfrac{\partial^2 \phi}{\partial y^2} = 0$, $\omega = \dfrac{\partial v}{\partial x} - \dfrac{\partial u}{\partial y} = 0$.

(b) $\phi = -\sinh x \cos y + c$ より流量は，$Q = -\sinh x_1 \cos y_1$．

(c) 圧力方程式から，$\dfrac{p}{\rho} + \dfrac{1}{2}(u^2 + v^2) = \dfrac{p_0}{\rho} + \dfrac{1}{2}(u_0^2 + v_0^2)$.

原点では $u = 0, v = 1$ より $\dfrac{p}{\rho} = \dfrac{p_0}{\rho} \dfrac{1}{2}(\sinh^2 x_1 \sin^2 y_1 + \cosh^2 x_1 \cos^2 y_1) + \dfrac{1}{2}$

(7-2)

(a) $W = \dfrac{Q}{2\pi} \ln(z - hi)$.

(b) $W = \dfrac{Q}{2\pi} \ln(z - hi) + \dfrac{Q}{2\pi} \ln(z + hi) = \dfrac{Q}{2\pi} \ln(z^2 + h^2)$ $y = 0$ を代入す

ると $\phi=0$ となるので，$y=0$ のところは流線で壁と見なすことができる．

(c) $\dfrac{dW}{dz} = \dfrac{Q}{2\pi(z^2+h^2)}$ より，壁上は $z=x$ より $v=0$ $u=\dfrac{Q}{2\pi(z^2+h^2)}$,

$v=0$ また，無限遠方では速度がゼロなので $\dfrac{p}{\rho} = \dfrac{p_0}{\rho} - \dfrac{1}{8}\left[\dfrac{Q}{\pi(x^2+h^2)}\right]^2$

(d) 渦の複素ポテンシャル W_v とその鏡像 W_{vb} はそれぞれ

$$W_v = -\dfrac{\Gamma}{2\pi}(z-hi),\ W_{vb} = \dfrac{\Gamma}{2\pi}(z+hi)$$

(e) $\dfrac{d(W_v+W_{vb})}{dz} = \dfrac{\Gamma h}{\pi(z^2+h^2)}$ より，$\dfrac{p}{\rho} = \dfrac{p_0}{\rho} - \dfrac{1}{2}\left[\dfrac{\Gamma h}{\pi(x^2+h^2)^2}\right]^2$

(7-3)

(a) 半径 R の円柱周りの流れは $W = V_\infty z + \dfrac{R^2 V_\infty}{z}$
式 (2.54) より $\zeta = z + c^2/z$ とすると $R + c^2/R = a^2$, $R - c^2/R = b^2$ から
$R = (a^2+b^2)/2z$ 面上では $W = V_\infty z + \dfrac{V_\infty(a^2+b^2)}{2z}$

(b) ζ 面上での速度は，

$$\dfrac{dW}{d\zeta} = \dfrac{dW}{dz} / \dfrac{d\zeta}{dz} = V_\infty\left(1 - \dfrac{R^2}{z^2}\right) / \left(1 - \dfrac{c^2}{z^2}\right) = \dfrac{V_\infty(z^2-R^2)}{z^2-c^2}$$

となり，楕円の表面は $z = Re^{i\theta}$ を代入すると表面上の速度が得られる．

(8-1) 式 (3.26) から速度は 2.0 m/s.

(8-2) 1秒当たりに升に貯まる水量，つまり質量流量は 200 kg/10 s = 20 kg/s なので，水の密度 1000 kg/m³ を用いて流量（体積流量）を求めると，20 kg/s / 1000 kg/m³ = 0.02 m³/s.

(8-3) 式 (3.32) から流量は，0.0111 m³/s.

参考文献

1) 植松時雄：水力学，産業図書（1984）
2) 管路ダクトの流体抵抗出版会編：技術資料 管路・ダクトの流体抵抗，日本機械学会（1979）
3) 国立天文台編：理科年表，丸善（1999）
4) 佐藤恵一・木村繁男・上野久儀・増山　豊：流れ学，朝倉書店（2004）
5) 田古里哲夫・荒川忠一：流体工学，東京大学出版会（1995）
6) 中林功一・伊藤基之・亀頭修巳：流体力学の基礎（1），（2），コロナ社（1993）
7) 中山泰喜：流体の力学，養賢堂（1989）
8) 日本機械学会編：機械工学便覧 改訂第6版，基礎編 B5流体機械および基礎編 α 4 流体工学，日本機械学会（1977，2003，2006）
9) 日本機械学会編：写真集 流れ，丸善（1981）
10) 原田幸夫：工業流体力学，槙書店（1985）
11) 日野幹雄：流体力学，朝倉書店（1995）
12) 古川明徳・金子賢二・林秀千人：流れの工学，朝倉書店（2000）
13) 古屋善正・村上光清・山田　豊：流体工学，朝倉書店（1982）
14) 三重大学工学部機械工学科編：Drill for Mechanical Engineering, Vol. 1, 2, Mie University Press（2002）
15) 宮井善弘・木田輝彦・中谷仁志：水力学，森北出版（2003）
16) 村田　進・三宅　裕：水力学，理工学社（1981）
17) 森川敬信・鮎川恭三・辻　裕：流体力学，朝倉書店（1982）
18) 吉野彰男・菊山功嗣・宮田勝文・山下新太郎：流体工学演習，共立出版（1989）
19) Blevins, R. D. : Applied Fluid Dynamics Handbook, Van Nostrand Reihold（1984）
20) Schlichting, H. : Boundary-Layer Theory (7 th ed.) McGraw – Hill（1979）
21) Draugherty, R. L. and Franzini, J. B. : Fluid Mechanics with Engineering Applications (7 th ed.), McGraw-Hill Kogakusha（1977）
22) Dyke, M. V. : An Album of Fluid Motion, The Parabolic Press（1982）
23) Holman, J. P. : Heat Transfer, McGraw-Hill（1981）

索 引

あ 行

亜音速流 ·························· 74
圧縮性流体 ······················· 4
圧縮率 ···························· 4
圧力 ······························ 16
圧力回復率 ······················ 105
圧力項 ··························· 78
圧力損失 ························· 89
圧力中心 ························· 28
圧力ヘッド ··················· 23, 43
圧力変換機 ······················ 155
圧力方程式 ······················ 139
アネロイド気圧計 ················ 153
粗い管の管摩擦係数 ·············· 93
粗さ ····························· 69
アルキメデスの原理 ·············· 33
案内羽根 ························ 108
位置ヘッド ······················· 43
一般気体定数 ····················· 3
一般速度分布 ···················· 85
入口損失係数 ··················· 102
渦 ······························ 144
渦度 ··························· 128
渦なし流れ ······················· 49
渦粘性係数 ······················· 85
渦放出振動数 ···················· 70
渦流量計 ························ 162
運動方程式 ······················ 130
運動量厚さ ······················· 83
運動量の定理 ···················· 56
運動量保存式 ···················· 130

か 行

液柱圧力計 ······················· 24
液柱圧力計 ······················ 152
エネルギー勾配 ·················· 117
エネルギー勾配線 ················ 98
エネルギー保存則 ············ 41, 42
エルボ ·························· 109
円筒座標 ···················· 78, 139
オイラーの運動方程式 ······· 42, 133
オリフィス ······················ 160
音速 ························· 5, 74

か 行

開きょ ···················· 97, 116, 161
回転 ························ 48, 128
回転式流速計 ··················· 156
可逆断熱変化 ····················· 3
角運動量 ························ 62
カルマン渦列 ···················· 70
ガンギエ・クッタの式 ············ 119
慣性項 ·························· 78
慣性力 ·························· 72
完全気体 ························· 1
管摩擦係数 ··················· 70, 89
管摩擦損失 ·················· 69, 111
管路網 ························· 114
気体定数 ························· 2
喫水 ···························· 33
基本量 ·························· 67
逆U字管圧力計 ·················· 25
急拡大損失 ······················ 98
急拡大の損失係数 ··············· 100
急縮小損失 ····················· 101

境界層	77, 82
境界層近似	84
凝集性	12
強制渦	50
クッタの条件	150
形状抵抗	73
ゲージ圧力	23
ケルビンの循環定理	135
厳密解	84
合流	111
抗力	68, 147
コーシー・リーマンの関係	141
コールブルックの公式	95
コック	109

さ 行

差圧	155
シェジーの公式	118
仕切弁	109
次元解析	66
指数法則	81
実在流体	36
質量保存則	40
質量保存式	129
質量流量	40
質量力	17
絞り流量計	160
写像	148
射流	121
自由渦	52, 54
自由境界	82
ジューコフスキーの仮定	150
ジューコフスキー変換	149
収縮	127
重量法	159

縮尺模型	71
循環	134
循環定理	134
状態方程式	1
常流	121
助走距離	77
助走区間	77
吸込み	143
水力勾配線	98
水力直径	96
水力平均深さ	96
ストローハル数	70
すべりなし条件	7
すべりなし（粘着）条件	79
静圧	43, 154
静圧管	154
静圧孔	154
せき	161
接触角	14
絶対圧力	23, 155
遷移	84
遷移（臨界）レイノルズ数	84
遷移域	84, 85
前縁	83
遷音速流	74
せん断	128
せん断応力	7
全ヘッド	43
相似パラメータ	73
相対粗さ	93
相当管長	112
造波抵抗	73
層流	37
層流境界層	84
層流境界層に対する運動方程式	84

索引　171

層流の管摩擦係数 ……………… 92
速度エネルギー ………………… 70
速度勾配 ………………………… 82
速度ヘッド ……………………… 42
速度ポテンシャル ……………… 138
損失ヘッド ………………… 89, 90
損失やエネルギー変化を含む
　ベルヌーイの式 ……………… 91

た　行

対数法則 ………………………… 81
対数ら旋の式 …………………… 55
体積弾性係数 …………………… 5
体積法 ………………………… 159
体積流量 ………………………… 40
体積力項 ………………………… 78
代表速度 ………………………… 72
代表長さ ………………………… 72
対流項 …………………………… 78
玉形弁 ………………………… 109
ダランベールの背理 ………… 147
弾性圧力計 …………………… 153
弾性係数 ………………………… 71
断熱指数 ………………………… 3
超音速流 ………………………… 74
超音波速流計 ………………… 159
超音波流量計 ………………… 162
蝶形弁 ………………………… 109
跳水 …………………………… 121
直線分布 ………………………… 86
直列管路 ……………………… 112
抵抗係数 ………………………… 69
抵抗の定義式 …………………… 69
定常流 …………………………… 38
ディフューザ ………………… 104

テイラー展開 ………………… 125
出口損失 ……………………… 100
電磁流量計 …………………… 161
動圧 ……………………………… 43
等圧変化 ………………………… 3
投影面積 ………………………… 68
等エントロピー変化 …………… 3
等温変化 ………………………… 3
等価粗さ ………………………… 94
等角写像 ……………………… 148
等積変化 ………………………… 3
動粘度 …………………………… 10
動粘度係数 ……………………… 9
トリチェリの水銀圧力計 … 24, 153
トリチェリの定理 ……………… 44

な　行

流れ関数 ……………………… 136
1/7乗則 ………………………… 81
滑らかな管の管摩擦係数 ……… 91
ニクラーゼの完全粗面の式 …… 94
ニクラーゼの式 ………………… 92
二次流れ ……………………… 107
二重吹出し …………………… 144
ニュートンの粘性法則 ………… 8
ニュートン流体 ………………… 8
ぬれ縁長さ ………………… 96, 117
熱線流速計 …………………… 156
熱膜流速計 …………………… 157
粘性 ……………………………… 7
粘性係数 ………………………… 8
粘性項 …………………………… 78
粘性せん断応力 ………………… 83
粘性底層 …………………… 85, 93
粘性力 …………………………… 72

粘着条件	7
粘着性	12
粘度	8, 66
ノズル	160

は　行

ハーゲン・ポアズイユの法則	80
排除厚さ	82
バザンの式	119
パスカルの原理	18
バッキンガムの π 定理	68
発達領域	77
羽根車式流量計	159
非圧縮性流体	4
非回転流れ	138
比重	1
比体積	1
非定常項	78
非定常流	38
ピトー管	44, 155
非ニュートン流体	11
非粘性流体	125
標準大気圧	20
表面張力	12, 71
広がり管効率	105
吹出し	143
複素ポテンシャル	140
物理量	67
浮揚軸	33
浮揚体	33
浮揚面	33
ブラジウス	84
ブラジウスの式	92
プラントル	82
プラントル・カルマンの式	93

浮力	33
ブルドン圧力計	153
フロート式流量計	160
分岐	111
分子粘性力	85
噴流	60, 61
平均圧力	16
並進移動	48
平板翼の揚力	150
並列管路	113
べき級数	66
壁面せん断応力	82
ヘッド（水頭）	42
ベルヌーイの定理	41, 42, 89
ベルマウス	76
弁	109
変形	48
ベンチュリ管	46, 161
ベンド	107
ポアズイユ流れ	80
放射流れ	54
膨張	127
放物線	77
ポテンシャル	133
ポテンシャル流れ	49
ポリトロープ変化	3

ま　行

曲がり管	57
マグヌス効果	147
摩擦応力	82
摩擦速度	82
摩擦損失	68, 82
摩擦抵抗	73
摩擦抵抗係数	84

マッハ数	74
マニングの式	119
マノメータ	24, 152
密度	1
ムーディ線図	70, 95
無次元量	66
メタセンタ	33
毛管現象	14

や 行

U字管圧力計	24
誘導抵抗	74
揚力	147

ら 行

ランキン渦	53
乱流	37
乱流域	85
乱流境界層	84, 85
乱流境界層の一般速度分布	86
乱流境界層の対数速度分布	86
乱流の管摩擦係数	92
理想流体	36, 125
流管	39
粒子画像流速計	158
粒子追跡流速計	158
流跡線	39
流線	39, 41
流速積分法	160
流体塊	85
流体力学的に完全粗面	93
流体力学的に滑らかな面	93
流脈線	39
臨界水深	121
臨界速度	121
臨界レイノルズ数	38
レイノルズ	36
レイノルズ応力	81
レイノルズ数	37, 72
レイノルズの相似則	72
レーザ・ドップラー流速計	157
レオロジー	11
連続の式	40, 72, 132

わ 行

ワイスバッハの式	107, 109
湧出し	143

著者略歴

社河内　敏彦（Shakouchi Toshihiko）
　愛媛大学大学院工学研究科修士課程（機械工学専攻）修了
　工学博士（名古屋大学）
　三重大学大学院工学研究科・教授
　専門：流体工学，特に各種噴流現象（混相噴流を含む），後流，せん断流の挙動と制御，など．

前田　太佳夫（Maeda Takao）
　名古屋大学大学院工学研究科博士課程（機械工学専攻）満了
　工学博士（名古屋大学）
　三重大学大学院工学研究科・教授
　専門：流体工学，特に，ターボ機械，実験流体力学，自然エネルギー，など．

辻本　公一（Tsujimoto Koichi）
　大阪大学大学院工学研究科修士課程（機械工学専攻）修了
　工学博士（大阪大学）
　三重大学大学院工学研究科・准教授
　専門：流体工学，特に，数値解析による流動現象の解明とその制御，など．

JCLS	〈㈱日本著作出版権管理システム委託出版物〉

2007　　2007年9月10日　第1版発行

```
------流れ工学------
著者との申
し合せにより検印省略
```

©著作権所有

著作代表者　社　河内敏彦（しゃ　こ　うち　とし　ひこ）

発　行　者　株式会社　養　賢　堂
　　　　　　代表者　及川　清

定価 2730 円
（本体 2600 円）
（税　5％）

印　刷　者　株式会社　三　秀　舎
　　　　　　責任者　山岸真純

発行所　〒113-0033　東京都文京区本郷5丁目30番15号
　　　　株式会社　養賢堂
　　　　TEL 東京(03) 3814-0911　振替00120
　　　　FAX 東京(03) 3812-2615　7-25700
　　　　URL http://www.yokendo.com/
　　　　ISBN978-4-8425-0425-4　C3053

PRINTED IN JAPAN　　　　製本所　株式会社三水舎

本書の無断複写は、著作権法上での例外を除き、禁じられています。
本書は、㈱日本著作出版権管理システム(JCLS)への委託出版物です。
本書を複写される場合は、そのつど㈱日本著作出版権管理システム
(電話03-3817-5670、FAX03-3815-8199)の許諾を得てください。